● 本书获得福建省以马克思主义为指导的哲学社会科学学科基础理论研究基地"闽东特色乡村振兴之路研究中心"资助。

● 本书获得国家自然科学基金面上项目"基于演化经济理论的森林生态 - 经济耦合机理及可持续经营模式研究"（项目编号：71773016）资助。

● 本书为福建省社会科学研究基地重大项目"闽东特色乡村生态振兴：理论内涵与路径分析"（项目编号：FJ2022MJDZ044）成果。

● 本书为福建省自然科学基金项目"福建省森林生态产品价值实现机制与优化路径研究"（项目编号：2023J0526）成果。

乡村振兴经济研究丛书

乡村振兴视域下森林生态-经济系统协同发展机理研究

王光菊 著

厦门大学出版社
国家一级出版社
全国百佳图书出版单位

图书在版编目（CIP）数据

乡村振兴视域下森林生态-经济系统协同发展机理研究 / 王光菊著. -- 厦门：厦门大学出版社，2025.5. (乡村振兴经济研究丛书). -- ISBN 978-7-5615-9721-7

Ⅰ．S718.55

中国国家版本馆CIP数据核字第2025KC9341号

责任编辑　李瑞晶
美术编辑　李嘉彬
技术编辑　朱　楷

出版发行　**厦门大学出版社**

社　　址	厦门市软件园二期望海路39号
邮政编码	361008
总　　机	0592-2181111　0592-2181406(传真)
营销中心	0592-2184458　0592-2181365
网　　址	http://www.xmupress.com
邮　　箱	xmup@xmupress.com
印　　刷	厦门市竞成印刷有限公司

开本　720 mm×1 020 mm　1/16
印张　13.25
插页　3
字数　190千字
版次　2025年5月第1版
印次　2025年5月第1次印刷
定价　65.00元

本书如有印装质量问题请直接寄承印厂调换

作者简介

王光菊,管理学博士,宁德师范学院硕士研究生导师、市场营销系系主任,宁德市天湖人才(四类)。主要研究方向为乡村振兴、绿色经济等,主持省级(重大)、市厅级项目6项,参与横向课题3项,在SSCI、EI、核心期刊上发表学术论文20多篇。

序

林业具有公益产业与基础产业的双重性质,集生态效益、社会效益与经济效益于一体。习近平总书记关于森林是水库、钱库、粮库、碳库的森林"四库"重要论述,以及"绿水青山就是金山银山"理念,生动地反映了森林资源与林业产业之间相互促进、协调发展的辩证统一关系。当前,我国森林质量水平与世界平均水平相差较大,在森林资源提质增量与林业经济发展上还有很大的进步空间。

党的十八大以来,以习近平同志为核心的党中央把生态文明建设作为统筹推进"五位一体"总体布局的重要内容,全面推进生态文明体制改革和生态文明建设。因此,推动经济社会发展的绿色变革越来越受到关注。

习近平总书记指出,"加快解决历史交汇期的生态环境问题,必须加快建立健全以生态价值观念为准则的生态文化体系,以产业生态化和生态产业化为主体的生态经济体系"。党的二十大报告指出人与自然和谐共生是中国式现代化的重要特征和本质要求之一,提出"科学开展大规模国土绿化工作""推进以国家公园为主体的自然保护地体系建设""深化集体林权制度改革"等。可见,林业部门面临重大发展机遇,需要承担重大历史使命。根据我国集体林区特点,开展森林生态系统协调发展研究,正确认识森林生态与森林经济协同发展的内在机制,可以更好地促进森林资源自主经营的发展,为充分发挥森林"四库"作用、推广森林可持续经营、科学大规模造林、提升生态固碳能力等提供科学的理论依据,有效促进生态保护和经济社会协同发展。

党的二十大报告指出,全面推进乡村振兴,加快建设农业强国,扎实推动乡村产业、人才、文化、生态、组织振兴。良好的生态环境是乡村突出的优势和宝贵的财富,所以乡村产业发展要依托乡村生态环境形成相应特色。林业产业是典型的绿色产业,林业发展在绿色发展中处于核心地位。因此,发展林业产业是推动绿水青山转化为金山银山的有效途径,也是乡村绿色发展和全面推进乡村振兴的重要路径。

"绿水青山就是金山银山"理念生动地反映了森林资源与林业产业之间相互促进、协调发展的辩证统一关系。林业的生态效益与经济效益从传统认知中的对立关系转化为协调关系,两者相互协调、持续发力、统筹推进,共同驱动林业高质量发展。人民生活水平的提高以及绿色消费理念的不断增强,将使得其对木质林产品的需求愈加强烈,进而吸引资本、劳动力等各类生产要素进入林业生产经营活动。生产经营主体进行森林经营的目的本是通过生产木材获得私人经济福利,但森林在生长过程中自然而然地释放了外部性,提高了全社会的环境福利水平。"两山理论"为林业生态外部性的内部化提供了一个长期的发展导向。进入新时代,森林经营的理念由传统的"木材利用"向"生态利用"转变,即由木材生产向平衡生态、经济、社会等各方面目标的实现转变。因此，无论是基于生态需求还是经济激励，森林生态-经济系统耦合协同发展未来都将有助于实现森林生态外部性和经济利益相互促进的良性循环。

在森林经营过程中，各级林业和草原部门应深入贯彻落实习近平生态文明思想，按照"山水林田湖草系统治理""生态产业化、产业生态化"的要求，强化森林、湿地等自然生态系统保护修复，着力增加绿色资源，提高森林生态承载能力，厚植绿色发展优势，更好地实现生态美、百姓富的有机统一。随着人民群众对生态环境和绿色优质林产品的需求日益增长，林业产业发展显现巨大的资源潜力和市场优势，必将在推动绿色发展、全面推进乡村振兴中发挥重要作用。通过深入推进林业供给侧结构性改革，持续增强生态产品和林产品供给能力，能够使林业为社会提供更多的绿色优质林产品，让人民群众更加便捷地享受生态服务。

当前，我国推动实施国家森林生态标志产品建设工程，旨在打造无农药残留、无重金属污染、无抗生素、无激素的"四无"产品。这项工程的实施，可让林区无数的优质林产品和大市场对接，让全社会都能够买到真正优质、健康的森林生态食品，并可使林业发展为规模大的优势支柱产业。此外，当下森林旅游、特色经济林、木本油料、竹藤花卉、林下经济等绿色富民产业有了显著发展，有利于提高绿色优质林产品生产能力，满足人民群众对美好生活的向往。

该书首先基于公共池塘资源自主治理理论和生态经济系统协同发展理论，分析森林生态系统与林业经济系统的互动关系，探讨森林生态-经济系统协同发展的理论机制。其次，通过引入埃莉诺·奥斯特罗姆的社会-生态系统分析框架，结合我国集体林区特点，构建森林生态-经济系统协同发展的分析框架,并通过案例验证识别了影响森林生态-经济系统协同发展的关键变量。再次,建立行动者与治理系统的演化博弈模型,分析博弈双方演化稳定策略的走向和收敛趋势,识别森林资源管理中行动者与治理系统达成合作联盟的主要影响因素,分析森林资源自主管理的主要影响因素;建立森林生态-经济系统耦合评价指标体系,并运用数学模型揭示森林生态-经济系统的耦合关系。最后,立足于国家、省级和村级层面,提出在实现森林资源可持续发展的前提下,平衡森林生态-经济系统生态、经济、社会和治理效益的政策启示。

福建农林大学教授、博士生导师　杨建州
2024 年 6 月于福州

目 录

第一章　导论：森林生态-经济系统协同发展 ········· 001
　第一节　研究背景与意义 ························· 001
　第二节　森林生态-经济系统发展的文献综述 ········· 012
　第三节　研究问题与研究思路 ····················· 023
　第四节　研究目标、内容与框架 ··················· 025
　第五节　研究的创新点 ··························· 030

第二章　概念界定与理论基础 ··················· 031
　第一节　概念界定 ······························· 031
　第二节　理论基础 ······························· 041
　第三节　研究方法的分析框架 ····················· 049
　第四节　本章小结 ······························· 055

第三章　森林生态-经济系统协同发展的现状分析 ··· 056
　第一节　森林生态-经济系统协同发展的互动关系 ····· 057
　第二节　森林生态-经济系统协同发展的现实困境 ····· 062

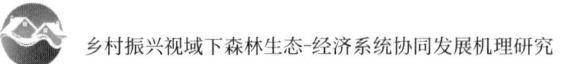

第三节　本章小结 …………………………………………… 063

第四章　基于演化经济学的森林生态-经济系统耦合分析 …………… 064
　　第一节　森林生态-经济系统的耦合关系 …………………………… 065
　　第二节　森林生态-经济系统的耦合特征 …………………………… 071
　　第三节　森林生态-经济系统的耦合功能 …………………………… 075
　　第四节　森林生态-经济系统的耦合机制 …………………………… 077
　　第五节　森林生态-经济系统的耦合目标 …………………………… 081
　　第六节　本章小结 …………………………………………… 084

第五章　基于自主治理理论的森林生态-经济系统协同发展机理分析 …… 085
　　第一节　森林生态-经济系统协同发展分析框架的构建 …………… 086
　　第二节　森林生态-经济系统协同发展一级子系统和二级
　　　　　　变量分析 ………………………………………………… 087
　　第三节　基于自主治理理论的森林生态-经济系统运行机理
　　　　　　分析 ……………………………………………………… 095
　　第四节　本章小结 …………………………………………… 096

第六章　森林生态-经济系统协同发展的实践检验 ……………………… 098
　　第一节　森林生态-经济系统协同发展关键变量的互动分析 ……… 098
　　第二节　数据来源与变量的选取 …………………………… 099
　　第三节　经验性结果分析 …………………………………… 107
　　第四节　本章小结 …………………………………………… 111

第七章　森林生态-经济系统协同发展的自主治理分析与实践验证 …… 113
　　第一节　森林生态-经济系统自主治理的情境创设 ………………… 113

目录

　　第二节　识别影响自主治理的核心变量 ………………………… 115
　　第三节　案例村形成自主治理的主要条件分析 ………………… 120
　　第四节　实践检验结果分析 ……………………………………… 123
　　第五节　本章小结 ………………………………………………… 124

第八章　森林生态-经济系统协同发展的演化博弈分析 ………… 125
　　第一节　治理系统中政府行为与森林生态-经济系统的关系 … 126
　　第二节　行动者行为与森林生态-经济系统的关系 …………… 128
　　第三节　森林生态-经济系统下行动者与治理系统的演化
　　　　　　博弈分析 ………………………………………………… 130
　　第四节　基本假设与演化博弈模型建立 ………………………… 131
　　第五节　博弈系统平衡点和演化稳定策略参数 ………………… 135
　　第六节　动态演化博弈结果分析 ………………………………… 139
　　第七节　本章小结 ………………………………………………… 139

第九章　森林生态-经济系统协同发展的动态耦合分析 ………… 141
　　第一节　森林生态-经济系统动态耦合模型的构建 …………… 142
　　第二节　森林生态-经济系统耦合发展评价体系的建立 ……… 145
　　第三节　森林生态-经济系统耦合发展判别 …………………… 153
　　第四节　本章小结 ………………………………………………… 156

第十章　森林生态-经济系统协同发展的案例 …………………… 157
　　第一节　案例来源 ………………………………………………… 157
　　第二节　森林生态产品价值化实现机制：以碳票为例 ………… 159
　　第三节　生态产品价值实现的案例分析：以碳票为例 ………… 163
　　第四节　经验结果分析 …………………………………………… 167

Ⅲ

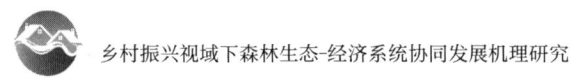

第五节　本章小结 …… 168

第十一章　结论与展望 …… 170
 第一节　结论 …… 170
 第二节　政策启示 …… 172
 第三节　研究展望 …… 175

参考文献 …… 177

附　录 …… 192
 附录 A　森林生态-经济系统协同发展的调查问卷(村级) …… 192
 附录 B　森林生态-经济系统协同发展的调查问卷(新型林业经营主体) …… 198

后　记 …… 203

第一章　导论:森林生态-经济系统协同发展

第一节　研究背景与意义

一、现实背景

森林是陆地上最大的生态系统,具有维护生态平衡、保护水土、涵养水源、防风固沙等生态功能,同时具有生产木材等林产品的经济功能。《中共中央 国务院关于加快林业发展的决定》(中发〔2003〕9号)也明确指出"林业是一项重要的公益事业和基础产业,承担着生态建设和林产品供给的重要任务"。因此,森林生态-经济系统的协同发展问题是人类利用森林资源的过程中不得不面对的问题。新中国成立以来,我国的林业发展方向曾长期以木材生产和追求经济目标为主。20世纪80年代,我国的林业发展陷入森林资源危机、林业经济危困的"两危"处境,这反映出森林生态-经济系统协同发展的尖锐矛盾,不管是牺牲生态搞经济还是牺牲经济搞生态,都会出现生态价值难实现的问题。因此,森林生态-经济系统的协同发展是十分必要的。

党的十八大以来,以习近平同志为核心的党中央把生态文明建设摆在全局工作的突出地位。习近平总书记多次提到"绿水青山就是金山银山"的重要论断,强调"生态环境保护上一定要算大账、算长远账",明确指出"坚决摒弃以牺牲生态环境换取一时一地经济增长的做法",推动生态环境保护和经济社会协同发展。党的十九大提出实施乡村振兴战略,并以实现产业兴旺、生态宜居、乡风文明、治理有效、生活富裕作为战略实施的总体要求。2018年中央一号文件在概括实施乡村振兴战略的总体要求和主要任务时提到"以生态宜居为关键",设立了"实现百姓富、生态美的统一"的乡村振兴发展目标。2021年中央一号文件要求不断加强现代乡村产业体系建设,打造现代林业产业示范区。2022年4月,习近平总书记赴海南考察时强调,乡村振兴要在产业生态化、生态产业化上下功夫。《习近平生态文明思想学习纲要》中提出,加速创建和完善以产业生态化、生态产业化为重点的生态经济体系。党的二十大报告指出,全面推进乡村振兴,坚持农业农村优先发展,巩固拓展脱贫攻坚成果,加快建设农业强国,扎实推动乡村产业、人才、文化、生态、组织振兴。可见,在乡村生态资源、环境和经济社会发展的协调过程中,应充分耦合绿水青山和金山银山的内在联系,坚持乡村生态和经济双重振兴方向。

为推进森林生态-经济系统协同发展,我国高度重视森林生态建设和林业产业发展工作,促进人与自然和谐共生发展。在党的十八届三中全会上,习近平总书记指出,"山水林田湖是一个生命共同体,人的命脉在田,田的命脉在水,水的命脉在山,山的命脉在土,土的命脉在树"。因此,应稳步扩大森林面积,提升森林质量,增强森林的生态功能,保护好每一寸绿色。

我国森林资源的发展经历了以木材利用为主、木材生产与生态建设并重、以生态建设为主三个阶段。在发展过程中,森林生态效益与经济效益逐步从传统认知中的对立关系转化为协调关系,两者相互协调、持续发力、统筹推进,共同驱动林业高质量发展。邵权熙(2008)认为,我国森林资源的发展具体可分为三个阶段:1949—1979年,森林资源急剧减少阶段;1980—1999年,森林资源缓慢恢复阶段;2000年开始,随着禁止采伐天然林和保护森林资源的一系列相关政策出台,森林资源进入快速增长阶段。

下面将根据1998—2023年的《中国林业统计年鉴》和《中国林业和草原统计年鉴》中呈现的第5~10次中国森林资源清查统计结果(见表1-1),分析1998—2023年中国森林资源变化情况。从表1-1来看:中国森林资源覆盖率从1998年的16.55%增长至2023年的24.02%;1998—2023年,中国的森林总面积、森林蓄积量和人工林面积都呈现不断增长的趋势。这些数据增长的趋势表明,中国的森林资源管理和保护工作取得了积极成效,森林资源的数量和质量都有所提升,这对于国家的生态建设和可持续发展具有重要意义。近年来,中国采伐监管机制不断优化,实施天然林商业性采伐零限额,森林资源面积和蓄积连续保持"双增长",人工林面积增加近2倍并始终保持着持续增长的趋势。中国的人工林建设也在稳步推进,填补了林产品尤其是木材的部分缺口,降低了对天然林的采伐量,间接实现了对天然林的保护。中国还在推进森林资源管理制度创新,将全国林地"一张图"升级为全国森林"一张图"进行资源管理,形成全国统一标准、统一时点、服务于森林资源管理和生态建设的大数据库。除此之外,中国的森林资源结构也在逐步优化,第九次全国森林资源清查报告的数据显示:全国乔木林中,混交林面积比率提高2.93个百分点,珍贵树种面积增加32.28%,中幼龄林、低密度林分比率下降6.41个百分点。全国乔木林每公顷蓄积增加5.04立方米,达到94.83立方米;每公顷年均生长量增加0.50立方米,达到4.73立方米。

表1-1 1998—2023年(第5~10次)中国森林资源清查基本情况

项目	1998年(第5次)	2003年(第6次)	2008年(第7次)	2013年(第8次)	2018年(第9次)	2023年(第10次)
森林资源覆盖率/%	16.55	18.21	20.36	21.63	22.96	24.02
森林总面积/亿公顷	1.589	1.749	1.955	2.077	2.204	2.310
森林蓄积量/亿立方米	112.67	124.56	137.21	151.37	175.60	194.93
人工林面积/亿公顷	0.4709	0.5365	0.6169	0.6933	0.7954	0.8003

数据来源:1998—2023年的《中国林业统计年鉴》和《中国林业和草原统计年鉴》。

从中国林业的发展趋势来看,呈现第一产业为主到一二三产业融合发展的转变。林业产业是规模最大的绿色经济体,是森林生态-经济系统中不可或缺的组成部分,也是促进社会经济发展的基本保障。林业产业发展包括林业产业经济数量的增长和林业产业结构调整(刘芳芳,2020)。林业产业结构指林业三大产业部门产值占林业总产值的比重。林业第一产业以木竹采运培育等为主,第二产业以木竹采运和林产品加工制造为主,第三产业以森林服务业、旅游业为主。第二产业和第三产业产值所占比重越高,表明林业产业结构越合理。从图1-1可看出,2007—2022年,中国林业产业在产业规模上呈现快速、高效的发展态势,林业产业总值由1.25万亿元增长到9.07万亿元,约增长了7.3倍,且增长速度不断加快;第一、第二、第三产业产值连年增长,其中第一产业总产值在不断缓慢上升。上述发展变化情况,反映了我国林业产业的不断完善和多样化发展趋势,这表明林业作为国民经济的一部分,其产出和贡献在不断增加。

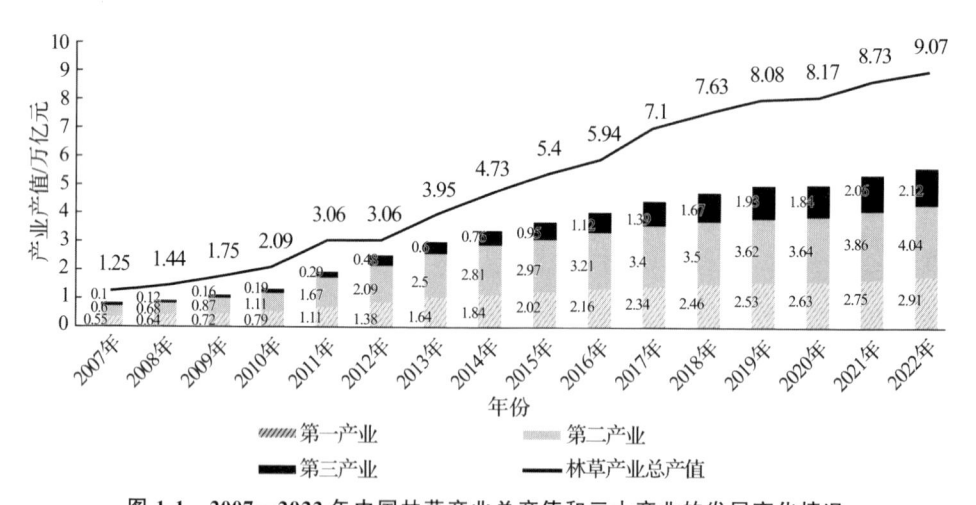

图1-1 2007—2022年中国林草产业总产值和三大产业的发展变化情况

数据来源:2007—2022年的《中国林业统计年鉴》和《中国林业和草原统计年鉴》。

基于经济发展和社会生产的需要,中国林业总产值和林业三大产业的变化受到国家政策、市场需求、技术创新等因素的影响。近些年来,中国林业产业结构有了调整,从以第一产业为主到第二产业和第三产业的比重不断上升、产值不断增加,这反映了中国林业产业升级和可持续发展的总体趋势。

下面基于表 1-2 的数据,分析中国的森林资源现状。

表 1-2 2022 年中国森林资源现状

省(自治区、直辖市)	林业用地面积/万公顷	森林面积/万公顷	人工林/万公顷	森林覆盖率/%	活立木总蓄积量/万立方米	森林蓄积量/万立方米
全国	32368.55	22044.62	8003.10	22.96	1900713.20	1756022.99
北京市	107.10	71.82	43.48	43.77	3000.81	2437.36
天津市	20.39	13.64	12.98	12.07	620.56	460.27
河北省	775.64	502.69	263.54	26.78	15920.34	13737.98
山西省	787.25	321.09	167.63	20.50	14778.65	12923.37
内蒙古自治区	4499.17	2614.85	600.01	22.10	166271.98	152704.12
辽宁省	735.92	571.83	315.32	39.24	30888.53	29749.18
吉林省	904.79	784.87	175.94	41.49	105368.45	101295.77
黑龙江省	2453.77	1990.46	243.26	43.78	199999.41	184704.09
上海市	10.19	8.90	8.90	14.04	664.32	449.59
江苏省	174.98	155.99	150.83	15.20	9609.62	7044.48
浙江省	659.77	604.99	244.65	59.43	31384.86	28114.67
安徽省	449.33	395.85	232.91	28.65	26145.10	22186.55
福建省	924.40	811.58	385.59	66.80	79711.29	72937.63
江西省	1079.90	1021.02	368.70	61.16	57564.29	50665.83
山东省	349.34	266.51	256.11	17.51	13040.49	9161.49
河南省	520.74	403.18	245.78	24.14	26564.48	20719.12
湖北省	876.09	736.27	197.42	39.61	39579.82	36507.91
湖南省	1257.59	1052.58	501.51	49.69	46141.03	40715.73
广东省	1080.29	945.98	615.51	53.52	50063.49	46755.09
广西壮族自治区	1629.50	1429.65	733.53	60.17	74433.24	67752.45

续表

省（自治区、直辖市）	林业用地面积/万公顷	森林面积/万公顷	人工林/万公顷	森林覆盖率/%	活立木总蓄积量/万立方米	森林蓄积量/万立方米
海南省	217.50	194.49	140.40	57.36	16347.14	15340.15
重庆市	421.71	354.97	95.93	43.11	24412.17	20678.18
四川省	2454.52	1839.77	502.22	38.03	197201.77	186099.00
贵州省	927.96	771.03	315.45	43.77	44464.57	39182.90
云南省	2599.44	2106.16	507.68	55.04	213244.99	197265.84
西藏自治区	1798.19	1490.99	7.84	12.14	230519.15	228254.42
陕西省	1236.79	886.84	310.53	43.06	51023.42	47866.70
甘肃省	1046.35	509.73	126.56	11.33	28386.88	25188.89
青海省	819.16	419.75	19.10	5.82	5556.86	4864.15
宁夏回族自治区	179.52	65.60	43.55	12.63	1111.14	835.18
新疆维吾尔自治区	1371.26	802.23	121.42	4.87	46490.95	39221.50

数据来源：《中国环境统计年鉴2022》。

从表1-2来看，截至2022年底，中国林业用地面积32368.55万公顷，森林面积22044.62万公顷，人工林面积8003.10万公顷，森林覆盖率22.96%，活立木总蓄积量约190.07亿立方米，森林蓄积量约175.60亿立方米。从各个省（自治区、直辖市）的森林资源情况来看，2022年，福建省的森林覆盖率为66.80%，位居全国第一。值得一提的是，福建省已连续44年保持全国第一的位置。紧随其后的是江西省，排名第二。其他省份的森林覆盖率情况如下：浙江省、海南省、云南省、广东省的森林覆盖率在50%~60%这一区间内，湖南省等11个省、自治区、直辖市的森林覆盖率在30%~50%这一区间内，安徽省等13个省、自治区、直辖市的森林覆盖率在10%~30%这一区间内，青海省和新疆维吾尔自治区的森林覆盖率不足10%。从森林面积来看，内蒙古、云南、黑龙江、四川、西藏、广西等省（自治区、直辖市）的森林面积较大，这些省（自治区、直辖市）的森林面积合计占全国森林面积的52.04%。

全国活立木总蓄积中,西南和东北地区的总蓄积较大,其中西藏、云南、黑龙江、四川、内蒙古、吉林的活立木蓄积合计占全国活立木蓄积的58.54%。上述数据不仅反映了中国各省(自治区、直辖市)在森林保护和绿化方面的努力和贡献,还展现了中国在生态文明建设方面的成就。

从中国森林资源发展历程和林业产业发展历程来看,尽管中国森林资源近年来在数量、质量方面都稳步提升,在结构方面有了优化,但仍然存在着总量相对不足、质量总体不高、分布不均等问题,并且森林资源保护和生态建设在一定程度上是以牺牲林业经济为前提的。森林资源作为国家重要的自然资源和战略资源,是满足经济社会发展对林产品需求的物质基础。同时,林业经济发展又对林业总体发展有着重要影响(邵权熙,2008)。因此,正确处理森林生态-经济系统协同发展关系,探寻可持续的森林经营模式,是现代林业发展的一个重要方向。

森林同时具有生态、经济与社会效益,对人类可持续发展与地球健康至关重要。全球众多人口依靠森林获取食物、谋求生计、实现就业、获得收入,可见森林具备经济效益。森林有助于保持水土,优化空气质量,防止土地退化和荒漠化,降低洪水、山体滑坡、雪崩、干旱、沙尘暴和其他灾害发生的风险,为减缓全球变暖的步伐、保护生物多样性作出巨大贡献,具有强大的生态效益。森林还为人们提供了优质的生存、生活、生产环境条件,并提供教学、科研、文化、文艺等工作开展的平台和基地,因而具备社会效益。

林业的可持续发展有助于推进生态文明建设。生态文明,是人类文明发展的一个新阶段,是人类遵循人、自然、社会和谐发展这一客观规律所获得的物质与精神成果的总和。2021年1月,中共中央办公厅、国务院办公厅印发的《关于全面推行林长制的意见》指出,森林和草原是重要的自然生态系统,对维护国家生态安全、推进生态文明建设具有基础性、战略性作用。总的来说,林业可持续发展事关经济社会可持续发展,是生态文明建设的前提和基础;一方面,可以满足经济社会发展对森林产品及其环境服务功能的需求;另一方面,对人口、资源、社会与环境、经济协调发展起到保障和促进作用,为生态文明建设创造更好的生态条件。

林业高质量发展将助力全面推进乡村振兴。党的十九大报告中提出要实施以产业兴旺、生态宜居、乡风文明、治理有效、生活富裕为总要求的乡村振兴战略,第一次将乡村振兴提到国家发展的战略高度。党的二十大报告提出,全面推进乡村振兴。乡村振兴中,产业兴旺是重点,生态宜居是关键。乡村最突出的优势是生态,而乡村振兴又要靠产业,因此,要将生态和产业相结合,林业正好符合这一要求。林业既是国民经济的基础产业,又是典型的绿色产业,集经济、生态、社会三重效益属性于一体,所以林业产业的高质量发展可以有效地助力乡村的全面振兴。

发展绿色林业是绿色发展的根本途径。习近平总书记强调,"绿色是永续发展的必要条件和人民对美好生活追求的重要体现"。坚持绿色发展之路就是坚持生态发展之路,就是坚持人类社会与自然界和谐共处、良性互动、持续发展之路。绿色,是大自然的颜色,要保护自然生态环境就必须保护森林生态系统、发展绿色林业。依照"山水林田湖草沙系统治理""生态产业化、产业生态化"的要求,应强化森林、湿地等自然生态系统的保护、修复,着力增加绿色资源,提高森林生态承载力,厚植绿色发展优势,更好地实现人与自然和谐共生。

发展林业是解决"三农"问题的重要途径。农业、农村和农民问题,始终是中国革命、建设和改革的根本问题。增加农民的就业岗位与财产性收入是新常态下林业服务国家大局的着力点,有助于充分发挥林业的市场潜力、投资潜力、就业潜力和增长潜力,促使林业为稳增长、调结构、保就业、惠民生作出更大的贡献。同时,林业产业的发展不仅能改善农村及周边的生态环境,也能为农民带来经济效益,还可以调整农业产业结构,林业绿色低碳循环产业(林油、林果、林药、林菌、林旅等产业)正逐渐成为农民增收致富的支柱型产业。

二、理论背景

森林资源属于公共资源,由于森林资源生态效益具有外部性,森林资源的可持续发展无法完全通过森林资源彻底私有化或政府强制干预来解决。为深入挖掘公共资源的本质问题,诺贝尔奖获得者埃莉诺·奥斯特罗姆带领研究团队针对"公地悲剧"模型进行分析和探讨,从1992年开始在15个国家建立林业研究组织监测站,并对这些国家的10多个乡村的森林资源自主治理进行长达20多年的实地田野调查跟踪检测案例研究,深刻剖析人的行为与生态系统的相互作用机理,同时从小规模公共资源问题入手,通过一系列的理论与案例研究提出了社会-生态系统(social-ecological systems,SES)分析框架,其研究成果发生在 *Science* 上,并引起了学界对社会-生态系统理论与实践探索的高度关注(谢晨 等,2017;Ostrom,2012;王浦劬 等,2015;鲍文涵 等,2016;高轩 等,2010;孟红阳,2019;苏毅清 等,2020)。国内学者运用 SES 分析框架研究中国森林资源治理(王浦劬 等,2015)、灌溉治理(王亚华 等,2019;王亚华,2018;王亚华 等,2014)和集体林权制度改革(刘璨,2020;蔡晶晶,2011;蔡晶晶 等,2020)等科学问题,认为 SES 框架能够为森林资源治理和中国农村灌溉治理提供思路。

森林生态系统与林业经济系统存在多元互动关系,这种互动关系嵌套在复杂的社会-生态耦合系统中。因此,本书通过构建森林生态-经济系统协同发展的分析框架,在此基础上运用埃莉诺·奥斯特罗姆的 SES 分析框架,构建森林生态-经济系统协同发展的一级子系统,并对这些子系统下的二级核心变量进行识别,进而丰富森林生态-经济系统协同发展的理论体系。

三、理论意义

森林作为陆地上最大的生态系统,其生态效益包含了防风固沙、保持水土、涵养水源、维护生态平衡等多个方面,经济效益包括供给木材和其他林产品等。林业被赋予了生态建设与林产品生产两项重点任务,既是重要的公益事业,也是基础产业的重要组成部分。传统林业发展通常以生态环境为代价追求森林经济价值,而现代林业发展中,环境保护已经被提升到与经济发展相当的地位。森林资源治理是林业发展中需要处理的关键问题,涉及人与自然在发展过程中的互动关系,需要对森林生态和林业经济相互作用的协同机制进行详细分析,把握森林生态和林业经济的多元互动关系,通过明晰森林生态-经济耦合系统的形成机理,找出其中的关键变量。SES框架是埃莉诺·奥斯特罗姆及其团队提出的跨学科综合分析工具,具有集纳社会-生态系统及其相互作用的有关数据、识别社会-生态系统可持续发展过程及重要的影响变量等功能,可以以同样的深度探究生态系统与社会系统间的关系,为在不同程度针对不同问题进行不同层次的研究提供支持。如果能以SES框架为基础,创建更适应中国国情的森林生态和林业经济分析框架,将有利于有针对性地推动中国资源环境治理研究,并在此过程中不断发展形成更为健全的理论体系。

本书将埃莉诺·奥斯特罗姆所提出的SES分析框架和自主治理理论应用于分析森林生态-经济系统协同发展的机理,具有较大的理论创新意义,主要表现为:一是将SES分析框架和自主治理理论用于森林生态-经济系统分析,构建森林生态-经济系统协同发展分析框架,从森林资源系统、森林资源单位、治理系统等多维度识别森林生态-经济系统协同发展的核心变量,拓展森林生态经济学的理论研究;二是在前人研究基础上,进一步完善、细化森林生态-经济系统的综合评价指标体系;三是采用田野调研方法,为森林生态-经济系统间的复杂互动性研究提供翔实的数据。

四、实践意义

作为陆地上最大的自然生态系统,森林具有生态、经济、社会多重价值,在保护生物多样性、减缓气候变化速度、维系粮食安全等方面发挥着重要功能。森林是连接生态保护和经济发展的桥梁,部分发展中国家由于森林面积与质量降低,不可避免地陷入"伐木毁林—环境恶化—经济增长乏力—毁林加剧"的林业发展怪圈。同时,基于森林发展起来的林业产业是国民经济中不可或缺的基础产业。森林生态-经济系统协同发展可以通过多维协同效应促进生态系统服务的改善、农村发展和乡村振兴。树立"绿水青山就是金山银山"的理念,以森林生态保护与林业经济协同发展为目标,基于系统和全局视角,推动森林生态系统服务能力增强、森林碳汇发展、美丽乡村建设与乡村的全面振兴,不断拓展森林生态产品价值实现途径,推进森林生态产品种类创新,才能有效促进我国经济高质量发展,实现人与自然和谐共生。

本书的实践意义在于推动解决长期困扰中国的森林生态与经济矛盾问题。随着经济的高速发展,经济社会发展与生态环境保护之间的关系失衡,影响了人类的正常生活。因此,为实现经济社会的可持续发展,必须走绿色发展的道路,坚持森林生态-经济系统协同发展。本书以森林生态-经济系统发展过程中所面临的问题为切入点,运用埃莉诺·奥斯特罗姆提出的 SES 分析框架和自主治理理论,提出森林生态-经济系统的分析框架并进行实践检验,从而提出森林生态-经济协同发展理论,为中国更好地推进森林可持续经营、生态文明建设、乡村的全面振兴和林业经济可持续发展提供参考。

第二节　森林生态-经济系统发展的文献综述

一、森林生态-经济系统的互动关系

欧洲和美国是最早关注森林资源质量及其变动的地区和国家。首先，Panayotou(1993)基于库兹涅茨提出的揭示人均收入与收入不均等之间关系的倒 U 形曲线，进一步提出揭示环境质量与人均收入间的关系的环境库兹涅茨曲线(Environmental Kuznets Curve,EKC)。EKC 揭示了环境质量一开始随着收入增加而降低，但当收入水平上升到一定程度后又会随收入增加而提升，即环境质量与收入间呈倒 U 形关系。EKC 被提出后，许多学者开始关注并验证各国环境质量与经济发展间的 EKC 关系(Cropper et al.，1994)。由于环境质量下降的表现不仅包括环境污染，还包括生态破坏(林地数量下降、质量降低等)，国内有不少学者基于 EKC 来研究资源数量变动与经济发展的关系，如许姝明(2011)得出森林覆盖率、森林蓄积量和经济增长之间的关系符合环境库兹涅茨假设。其次，21 世纪初，经济合作与发展组织提出脱钩理论(De-coupling Theory)，认为经济增长达到一定程度时，环境压力达到最大值，随后便会开始下降，即经济增长与环境压力存在相背而行的情况。基于脱钩理论，骆素琴(2016)构建林业污染与经济脱钩状态分析模型，划分脱钩区域及脱钩状态，在此基础上判断林业经济的绿色等级及发展趋势。

1980 年，全国林业经济理论讨论会上首次提出林业生态经济这一概念。1987 年，许涤新主编的《生态经济学》一书出版，这标志着符合中国国情的生态经济系统理论产生。从系统论的观点来看，森林生态-经济系统是由森林生态系统和林业经济系统组成的,其中,林业经济系统起主导作用且是最终发展目标,森林生态系统是基础和保证,森林生态-经济系统的运行同时受林业经济规律和森林生态规律的制约。在短期内,林业经济系统是生态系统"最大利用"的目标,这与森林生态系统是生态系统"最大保护"的目标存在一定矛盾;而在长期发展中,为了实现对森林生态系统的可持续利用,需要对森林生态进行修复和保护,使得林业经济和森林生态最终实现协调统一发展(吕洁华 等,2008;贺景平,2010)。从功能论的观点来看,林业生态经济的本质是实现林业生态功能和经济功能的协调统一,具体表现为:在发挥林业生态功能的前提下,释放林业的经营活力,实现林业的社会生态效益和经济效益。在此基础上,石广义(2005)运用生态经济学理论、可持续发展理论等,探讨中国西部生态与经济协调发展的模式,提出典型生态经济类型区的生态林业经济发展模式,以实现生态、经济的可持续发展。张陆平等(2012)运用CITYgreen模型对江苏省苏州市的森林生态效益进行定量研究,以此提高人们对森林生态效益功能和价值的认知水平。吕洁华等(2011)阐明了森林生态系统内部良性循环的自组织过程,建立了自组织运动的描述模型,指出森林生态-经济系统作为一个特殊的复合系统,其内部的各个子系统和要素的良性循环是森林生态-经济系统可持续发展的关键。王兆君等(2000)认为,在经济发展中,森林生态环境与林业产业既相互联系又相互矛盾;在对森林生态环境与林业产业的内涵、功能、目标以及协同条件进行分析后,提出了两者协同发展的思路:森林生态环境为林业经济提供可持续发展的保障,林业经济增长有助于修复、保护森林生态环境。

二、森林生态-经济系统的耦合机理

20世纪60年代,美国经济学家Boulding等以生态经济系统为研究对象,提出了生态经济协调理论。1985年,美国著名林学家Franklin提出了砍伐森林创造景观的生态后果与原则。1990年，Norgaard提出了协调发展理论。马世骏等（1983）提出了社会-经济-自然复合生态系统和生态工程建设等重大理论，结合系统论方法最早提出了耦合思想。之后，任继周等（1989）提出草地农业生态系统的耦合问题及系统耦合的概念，并指出生态系统耦合的核心是生态系统间具有相互原动力与反馈的能量，但并没有对耦合进行计量分析。

20世纪末以后，国际上对环境保护的认知逐渐发生转变，由过去的"先发展，后治理"，转变成在发展经济的同时关注环境问题，即将二者进行整合。生态经济系统的耦合研究为探究林业生态经济耦合关系提供了借鉴和思路。邵权熙（2008）分析了林业生态经济耦合系统中各子系统之间的关系，并建立了林业生态经济社会耦合系统的综合指标评价模型。吕洁华等（2011）认为森林生态-经济系统是由森林生态子系统和林业经济子系统组成的，这两个子系统相互独立、相互渗透、相互促进、协调发展，进而随着演进不断更新发展，并达到最佳循环状态。森林生态-经济系统是一个特殊的复合系统，保证内部子系统和要素的有序运行和良性循环至关重要，把握森林生态和经济之间的因果关系、剖析二者的耦合机理对加快林业发展、实现山川秀美的宏伟目标有所裨益。董沛武等（2013）基于复杂系统理论，分析了林业产业与森林生态系统之间的相关性及耦合特征，阐述了耦合系统、系统耦合度概念及测度方法的选择依据。

学者们在不同年代从不同视角研究生态—经济耦合系统，提出了许多涉及可持续性的生态与经济概念，并从综合的角度观察生态-经济耦合模型（Filatova et al.，2016）。也有许多学者基于不同区域研究生态-经济耦合系统，引用耦合协调度函数，构建综合评价指标体系，据此判断区域生态-经济耦合系统的运行状态和演替阶段（乔标 等，2005；许振宇 等，2008；邵权熙，2008；毕安平，2011；潘兴侠 等，2014；王琦 等，2015；党建华，2016；彭朝霞 等，2017）。罗昆燕等（2011）以生态经济理论及系统耦合理论为基础拟定评价指标,利用城乡相互作用耦合模型,对喀斯特地区城乡生态经济复合系统的相互作用关系及耦合机制进行探讨,以揭示复合系统的物质基础及动力机制。Liu 等(2007)认为社会-生态-经济系统具有非线性、环形反馈、时滞、阈值性、异质性和突破性等特点,系统与系统之间具有多元互动性和复杂结构。高鹤文(2012)从系统论的角度,通过建立系统耦合模型来分析生态环境系统与社会经济系统两个系统间的关系,指出生态环境系统和社会经济系统的耦合系统并不是生态环境系统与社会经济系统简单线性相加而成的高级复合系统。耦合系统是一个复杂系统,其指标选取需要遵循可持续发展原则(赵景柱,1995;岳明 等,2008)。不少学者建立和应用了不同模型研究各种耦合系统:汪阳洁等(2015)建立空间计量经济模型,实证分析了国家退耕还林工程对农业生态系统耦合的影响;孙平军等(2014)结合熵值法和生态环境系统压力—敏感性—弹性(Pressure-Sensitivity-Elasticity,PSE)的内在属性模型,判别吉林省城市化与生态环境的耦合关系;乔标等(2005)构建干旱区城市化与生态环境协调发展的动态耦合模型;许振宇等(2008)从系统论视角剖析湖南省生态经济系统内部诸要素及其结构特征,建立区域系统评价模型,分析区域系统的耦合状态;毕安平(2011)建立流域生态-经济系统耦合效应评价的压力—状态—响应(Pressure-State-Response,PSR)模型指标体系,据此判断耦合系统的运行状态和演替阶段;王琦等(2015)引入耦合协调度函数,探讨洞庭湖区生态—经济—社会系统耦合协调发展的时空分异规律;汪嘉杨等(2016)将耦合投影寻踪模型应用于社会-经济-自然复合生态系统的生态位评价;姜钰等(2017)运用 ECM(Error Correction Model,误差修正)模型与 VaR(Value at Risk,在险价值)模型,得出黑龙江省林业产业结构与森林生态安全存在长期均衡关系的结论;岳明等(2008)利用 Copula(连接)理论和马尔科夫模型,得出海岸带生态经济系统处于平稳状态的概率值和分岔参数调整的明确建议值;吕洁华等(2011)建立森林生态-经济系统良性循环的自组织运动描述模型,并提出森林生态-经济系统的良性循环对可持续发展起着关键作用。

三、基于社会-生态耦合系统视角的森林资源治理体系

2002年,联合国实施了千年生态系统评估(Millennium Ecosystem Assessment,MA)、自然与人类耦合系统的动力学(Dynamics of Coupled Naturaland Human Systems)等项目,促使社会-生态耦合分析理论获得发展。埃莉诺·奥斯特罗姆(Ostrom,2009)在 Science 上发表了文章,提出社会-生态耦合系统可持续发展的分析框架(由资源系统、治理系统、资源单位、使用者4个子系统组成),即 SES 分析框架,深入挖掘了社会-生态耦合系统一系列潜在的核心变量和核心变量的子变量。邵权熙(2008)在分析中国生态-经济-社会耦合系统及耦合模式时,分析了生态经济与经济系统、社会系统的关系,构建了森林生态-经济-社会耦合系统和耦合模型。蔡晶晶(2011)应用埃莉诺·奥斯特罗姆的 SES 分析框架研究集体林权改革,提出森林资源治理循环体系,并认为该体系可使森林生态系统更具恢复力、不易崩溃。孟红阳(2019)使用社会-生态系统分析框架分析了福建省商品林赎买政策,并利用层次分析法和模糊综合评价法评估商品林赎买政策产生的生态绩效及社会经济绩效。

四、森林生态-经济系统的复杂性特征

森林生态-经济系统是一个特殊、复杂的复合系统,因此应从复杂系统科学的视角研究森林生态系统与林业经济系统的复杂关系。复杂系统科学(Complex Systems Science,CSS)为研究生态、社会和物理等系统提供了跨学科分析框架,其主要特征包括异质性、等级、自我组织、开放性、适应性、记忆、非线性、不确定性。

异质性是指不均匀性及复杂性,包括时间异质性与空间异质性,意味着某些事物在一些特征上是不同的,如树龄差异有助于森林异质性的变化,影响树木大小和死亡率。

等级即依据差异而规定的高低层级,如森林生态系统拥有多个层次,通常包括地被层、草本层、灌木层和乔木层4个基本层级。

自我组织现象广泛存在于自然界与人类社会中,是指在初始无序体系中,由于某些因素进行局部相互作用而逐步形成某种形式的整体秩序。一个系统维系与创造新功能的能力会随着其自我组织功能的提升而增强。在没有外部控制和干预的情况下,由系统自身的调节和进化产生的秩序特征即为自我组织。例如,达尔文提出的"物竞天择,适者生存"可以看作自然界生态自我调节所实现的物种演化发展的自组织过程。

系统可能是开放的,其边界很难或无法定义。开放意味着能量、物质和信息交换。从复杂系统的动力学视角来看,包括所有生态系统在内的系统都受外界因素影响,确定系统内部和系统外部(即其标识)是具有挑战性的。森林生态系统与外部环境进行频繁的能量、物质、信息交流,其各个方向也与外界相连,时刻发生着能量和物质的输送,因此其开放性也体现在熵的交换上,即持续吸收能量,不断向外界排放由于代谢产出的熵。

适应性是指组织和系统在适应外界环境变迁过程中的遗传及行为特征。适应与自我组织是相似的,取决于跨尺度的相互作用,但不同之处在于它是由外部驱动的。外部的环境发生变化(例如,养分利用率、温度变化、外来物种的到来、土地使用规则调整)时,生态系统会不断适应。在面对气候变化时,森林生态系统在一定程度下可以进行自我的调节与恢复,若再加以相应的人为影响和干预,则能够有效减轻生态损失与经济损失。

系统记忆可能来自过去的一些事件对系统的反馈。生态记忆会影响生态系统现在或者将来的生态响应。当生态系统遭受扰乱毁坏后,系统剩余资源中所含有的信息被集合起来,既会显示系统以往的干扰情况,也会显现系统的当前状态和未来趋势。

森林生态-经济系统是一个复杂的系统,具有非线性特征。森林物种演替过程、气候变化和人类经济活动等因素,都会使得森林生态-经济系统呈现显著的非线性动态。森林生态系统中的物种演替过程往往是非线性的,比如,当某种树种达到一定密度时,可能会抑制其他树种的生长,导致物种组成发生突变。气候变化对森林生态系统的影响也是非线性的,主要表现为温度和降水的变化可能会导致树木生长突然加速或减速。人类经济活动对森林生态系统的影响同样也是非线性的,如生产木材和其他林产品、发展林下经济、发展生态旅游与康养产业等经济活动从森林系统中获取的资源往往是综合、复杂、相互交叉的,因而其对森林系统的影响具有非线性。因此,森林生态-经济系统具有非线性特征。由于森林生态-经济系统是非线性的,当外界干扰或系统内部因素变化达到一定程度时,系统会出现阈值。系统阈值对森林生态-经济系统的稳定和可持续发展具有重要影响:系统阈值一旦被突破,森林生态系统的服务功能可能会大幅下降,如水源涵养能力减弱、生物多样性减少等,这不仅会影响生态环境,还会对依赖森林生态系统的经济活动造成不利影响。

不确定性是相对于确定性而言的,是对确定性的否定。例如,森林更新是一个高不确定性的复杂随机过程,会受到环境因素、区位因素、竞争因素、人为因素等多种因素的影响。桂起权等(2014)从复杂性系统科学视角探讨了共生论思潮,从生物学、哲学、协同学、博弈论和哲学等不同学科视角支持共生论和协同论。毛征兵等(2018)从复杂性系统科学视角建构包含元素、结构、环境、功能、状态5个层面的中国开放经济系统的统一分析框架,同时,运用混沌与分形、复杂适应系统、自组织与协同等最新理论分析中国开放经济系统的动态复杂性机理,并建立中国开放经济的复杂适应性反馈模型。唐波等(2020)从恢复力的视角构建了社会-生态-经济耦合系统的理论框架和评价体系,并建立二元和三元协调度模型,对粤北山区五市的社会-生态-经济系统的恢复力进行测度和协调度评价,强调要注重社会-生态-经济系统的协调和互动能力。

五、森林资源价值转化研究

森林生态产品具有较强的外部性且种类繁多,核算其价值并使其能够实现市场化运作是森林生态产品价值实现的重要一环。石长春等(2009)对森林生态产品补偿与森林生态产品价值核算进行了分析,认为森林生态产品价值核算可以通过市场估值法、恶化成本摊销法、森林环境的恢复成本、再生产成本和保护成本核算法、森林资源的机会成本核算法,以及森林资源的改善收入法进行核算。吕洁华等(2015)基于劳动价值论、效用价值论与均衡价值论对森林生态产品价值补偿标准进行理论探讨,并且建立了多因素考虑下的补偿标准综合测算模型。余新晓等(2005)根据第五次全国森林资源清查结果及Costanza(2008)提供的计算方法估算了我国森林生态系统的总价值,并按照价值高低对森林生态系统的功能进行排序,顺序为:固碳释氧、净化空气、土壤保持、涵养水源、养分循环、提供林木及林副产品、维持生物多样性、森林游憩。赵金龙等(2013)详细介绍了各类森林生态系统服务功能价值的评估方法及具体计算方法,重点分析了能有效解决生态服务功能动态评估问题的InVEST、MIMES、CITYgreen、SoIVES、GUMBO等一些国外生态模型的优缺点。韦惠兰等(2016)参考《森林生态系统服务功能评估规范》,利用白水江国家级自然保护区森林生态系统实测数据,以及基于地理信息系统和遥感技术获得的不同林分面积等数据,评估保护区森林生态系统服务功能的价值。结果表明,保护区各项服务的价值排序(从大到小)为:生物多样性、固碳释氧、固土保肥、涵养水源、提供林产品、净化大气、林木营养物质积累、旅游休憩。徐雨晴等(2018)基于用CEVSA模型计算的NPP(Net Primary Productivity,净初级生产力),以及Costanza、谢高地等提出的生态系统服务价值计算方法,分析了基准期(1971—2000年)及未来(2021—2050年)我国森林生态系统服务价值的时空动态变化特征。宋军卫等(2018)从非物质效益的角度考察了森林的文化价值及其具体内容,并提出了森林文化币的概念及其研究模型,从人的主观价值表达、森林文化资源和森林文化力三个方面系统论述了核算森林文化价值的路径与方法。我国于2020年发布了国家标准《森林生态系统服务功能评估规范》(GB/T 38582—2020),规定了森林生态系统服务功能评估的术语和定义、基本要求、数据来源、评估指标体系、分布式测算方法、评估公式,适用于森林生态系统服务功能评估工作,但不适用于林地自身价值的评估。

森林生态产品需要在森林生态资源与人类共同作用下形成,因而需要更好地衡量生态资源的价值,并将生态资源投入生态产品的生产之中。同时,资本化之后的森林生态资源能够以抵押等形式,实现资源价值的快速流动,减轻森林生态产品建设周期长所造成的资金压力,促进森林生态产品融资。严立冬等(2010)从生态资源资本化的理论与现实角度分析了生态资源、生态资产与生态资本之间的内在联系,探讨了生态资源资本化的过程;探讨了生态资本的价值实现方式,提出生态资本作为一种生产要素,只有通过与其他生产要素相结合生产出特定的产品才能够实现价值增值。张媛(2016)对生态资本的相关概念进行了梳理,并从生态资本的角度论述了森林生态补偿对于林业发展的必要性。赵越等(2019)在界定森林生态资产资本化运营概念的基础上,从运营要素、生态补偿机制以及政策工具三个方面对森林生态资本化运营的相关文献进行了梳理,提出了森林生态资本的运营主体、运营环境、运营目标等有重要的作用,应调动社会资本,实施全民参与、激励相容的市场化补偿机制。

森林生态产品市场化是森林生态产品价值实现的重要一步,是保证森林在市场化机制下能够为人类社会提供可持续生态产品的重要保障。戴芳等(2013)通过运用博弈论方法,建立了政府和农户的博弈模型,发现只有在经济发展水平较高的阶段,政府对农户提供补偿,才有助于调动农户供给森林生态产品的积极性。冯晓明等(2014)从社会偏好理论出发,阐明了个体社会偏好特征和群体规模对公共物品资源供给水平的显著影响;基于Ostrom 提出的公共池塘资源治理模型,从大规模群体和小规模群体两个方面分析了森林生态产品资源供给路径选择的问题。在将生态产品分为全国性、区域性、社区性公共生态产品和"私人"生态产品后,曾贤刚等(2014)提出了直接市场的经济交易、生态资本产业化经营、生态购买这三种主要的市场化供给方式。孙庆刚等(2015)认为封闭区域条件下的生态产品的供需均衡模型反映了生态产品与人类所需其他产品的相对效用是区域居民决策的微观基础,并且生态产品的供给与收入之间存在 U 形曲线关系。高超平等(2016)通过 DSGE(动态随机一般均衡)模型来模拟生态产品市场化,并以1996—2014 的中国统计数据进行实证,认为当时中国的生态产品市场化机制存在内生性缺陷。王兵等(2020)在前人研究的基础上,提出生态效益量化补偿、自然资源资产负债表编制、生态保护补偿、生态权益交易、资源产权流转、资源配额交易、生态载体溢价、生态产业开发、区域协同发展、生态资本受益这几种森林生态功能的价值实现路径。牛玲(2020)认为我国碳市场需求严重不足、交易方式单一、交易体系不够完善等严重制约了我国碳汇生态产品的价值实现。

六、文献述评

总体而言,从国内外的研究现状来看,学界对生态与经济必须协调发展已达成共识,对生态和经济之间的耦合关系有了较充分的认识,应用系统论原理和相关数理方法来分析和描述生态与经济的耦合协同关系已成为主要方向和手段。有关森林生态-经济系统协同的已有研究主要从生态经济协调理论、生态服务功能价值、社会-生态系统和森林资源治理等方面展开,认为森林具有复杂的生态效益、经济效益和社会效益，森林生态与林业经济存在复杂的社会关系。从研究方法来看，学者们主要应用系统论原理和相关数理方法来分析和描述生态与经济的耦合协同关系，发现森林生态-经济系统在不同省份、不同地区和不同阶段存在各种耦合状态；从交叉学科视角来看，国内学者运用SES分析框架研究中国森林资源治理、灌溉治理和林业产权等科学问题，认为SES分析框架可为森林资源治理和中国农村灌溉治理提供思路。但生态和经济之间的关系是对立统一和复杂的，相关理论体系仍然难以形成，尤其是自然生态系统（如森林生态系统）与林业经济发展的协同关系和协同机制仍然没有在理论上被明确阐述，也没有形成明确的指导理论以推动森林经营中森林生态-经济系统的协同发展。

综上所述，学界已对森林生态-经济系统协同发展展开了有益研究，但仍存在以下待完善之处。

第一，基于系统耦合思想，不少学者运用耦合协调度函数和二手数据分析不同省份、不同年份森林生态-经济系统的各种耦合状态，但在评价指标的选取上囿于森林生态子系统指标和林业经济子系统指标，对森林资源行动者、治理系统以及影响林农、林业合作组织自主治理的协同因素欠缺考虑，而这些协同因素对系统整体、长期效应有决定性影响。

第二，现有研究更多集中在对森林经营模式、林业合作社等特定主体进行细致考察，为森林经营管理制度完善及其改革提供了宝贵的建议，但对多个主体和宏观上森林生态-经济系统协同发展的深入研究成果较少。

第三，SES分析框架多被应用于宏观上的中国森林资源治理分析，而被应用于分析森林生态-经济系统协同发展机理，以及对SES分析框架子系统下的二级变量和影响自主治理的核心变量进行考察和挖掘的研究成果较少。

在森林经营中，如何在遵循森林生态系统的进化和演替规律并确保森林资源可持续性的基础上实现森林经营效益的最大化，是现有研究中尚未解决的重要问题,也是林业应用基础研究中亟待解决的重大科学问题。由于森林是特殊的公共池塘资源,在森林生态-经济系统中存在多元互动关系,且这些互动关系嵌套在复杂的社会-生态耦合系统中。本书将应用SES分析框架,分析森林生态-经济系统协同发展的互动机理,建立森林生态-经济系统耦合模型,提出森林生态-经济协同发展的政策建议。

第三节　研究问题与研究思路

一、研究问题

森林生态-经济系统协同发展对中国林业高质量发展至关重要,因此,需要对森林生态-经济系统协同发展面临的现实问题和科学问题展开探究。

中国森林生态-经济系统协同发展面临的现实问题包括:一是如何瞄准世界林业科技前沿,聚焦国内林业发展需求,在维持森林可持续健康发展的前提下降低对国际林产品市场的依赖程度。当前,中国木材、食用植物油等林产品对外依存度较高,但随着世界局势与国际关系格局的发展变化,若在上述产品上过多依赖进口,则会存在产品供应不稳定、不持续等缺点。二是由于森林经营中缺乏完善的经营制度,缺少带动林业产业发展的社会资本与林业人才等,林业产业存在规模经济效益不显著、产业发展活力不够等问题。三是非法占用林地、毁林毁湿开垦的情况出现得较频繁。由于人类对木材、食物、燃料和纤维有需求,毁林和森林退化现象仍在一些地区出现。另外,森林面临的风险来自非法采伐或不可持续采伐、火灾、污染、沙尘暴、风暴、病虫害、外来物种入侵、碎片化等多方面,威胁着森林的健康及其作为高产性和强适应性的生态系统的能力。当前,中国集体林区内仍有持续过度采伐森林资源的现象发生,导致集体林区的可采森林资源濒临枯竭,森林的生态功能严重退化。另外,有些林区没有集中精力大力推动保护和培育森林资源,导致森林的结构不合理和质量不高等问题出现。若林区发展陷入困境,将影响国家生态安全。同时,森林资源是社会发展的重要物质财富,林业产业是规模最大的绿色经济体,经济的快速发展会使得人类社会对森林资源产生更大的需求量。然而,中国目前森林资源的增长速度相对缓慢(张凌梅,2021)。因此,研究森林生态-经济系统的协同发展机理,对实现经济长期可持续发展至关重要。

当前,中国林业经营思想已实现根本性的转变,生态优先已成为林业经营的指导思想,林业经营进入提质增效的新阶段。同时,林业又是重要的基础产业,对稳定国民经济和社会发展具有不可替代的作用。因此,在森林经营中要努力实现森林生态-经济系统的协同发展。森林生态系统具有自身的进化和演替规律,林业的发展必须在符合可持续性要求的前提下实现社会经济效益的最大化和林业可持续发展。森林生态-经济系统体现的是一种相互渗透、相互作用、交互耦合的关系,聚焦于森林生态与林业经济间的多元互动,以问题为导向,因此,如何实现森林生态-经济系统协同发展,实现森林生态-经济系统最佳耦合效益,已成为林业经营亟待解决的重大理论和现实问题,也成为学术界关注的焦点。为探究这一问题,本书将研究的科学问题细化成几个小问题:(1)森林生态-经济系统协同发展的内在运行机理是什么;(2)如何构建森林生态-经济系统协同发展分析框架;(3)如何识别与验证构成森林生态-经济系统协同发展的核心变量;(4)如何识别影响森林生态-经济系统协同发展、自主治理的核心变量;(5)如何判断森林生态-经济系统协同发展的动态耦合状态。

二、研究思路

针对上述研究的科学问题,本书的总体研究思路如下:引入埃莉诺·奥斯特罗姆的 SES 分析框架,形成由森林资源系统、森林资源单位、治理系统、行动者等一级子系统组成的森林生态-经济系统分析框架,分析子系统下二级关键变量之间的关联性和功能上的协同性,即不仅要研究各个单一因素的作用,同时也要研究系统内部各二级变量之间,以及系统与外部社会、经济政治背景、生态环境之间的联系。一方面,引入 SES 分析框架和自主治理理论,分析森林生态-经济系统协同发展的机理,并对森林生态-经济系统协同机理的二级变量进行解释并进行案例验证,以实现生态流和价值流的相互耦合。另一方面,识别森林生态-经济系统协同发展的核心影响因素并进行案例验证,即寻求符合中国国情的森林生态-经济系统协同发展的核心变量。通过对森林生态-经济系统协同发展的机理分析及自主治理和演化博弈分析,重新审视森林生态-经济系统协同发展的各个技术环节,揭示、识别符合中国国情要求的森林生态-经济系统协同发展的关键指标,为最终实现森林经营中的生态与经济效益双赢提供理论和实践指导。

第四节 研究目标、内容与框架

一、研究目标

第一,通过梳理中国森林生态-经济系统协同发展的现状及存在的问题,提出研究问题,运用埃莉诺·奥斯特罗姆的 SES 分析框架和自主治理理论,构建森林生态-经济系统协同发展的分析框架,探究森林生态-经济系统协同发展的理论机制。

第二,在本书所构建的森林生态-经济系统协同发展分析框架的基础上,结合福建省具有代表性的案例村及相关数据资料,对影响森林生态-经济系统协同发展的关键变量进行识别,优化森林生态-经济系统协同发展的分析框架。

第三,以自主治理理论为出发点,以案例村为观察对象,对福建省案例村自主治理机制形成的主要条件进行分析,识别影响森林生态-经济系统协同发展自主治理的核心变量,进一步探究自主治理理论在森林资源自主经营中的应用。

第四,在森林资源与制度的双重约束下,森林生态-经济系统下的子系统行动者与治理系统之间会产生多重动态博弈,本书希望通过构建演化博弈模型,系统分析博弈双方演化稳定策略的走向及收敛趋势,识别森林资源治理中的行动者与治理系统达成合作、联盟的主要因素,以实现双方利益均衡,从而促进森林生态-经济系更好地协同发展。

第五,建立包括4个一级指标、17个二级指标在内的森林生态-经济耦合系统评价指标体系,以拓展的森林生态-经济系统的耦合模型来对森林生态-经济系统协同发展程度进行判别,从而更好地判断森林生态-经济耦合系统内各个子系统的协调状况,丰富森林生态-经济系统协同发展的理论体系。

二、研究内容

本书基于埃莉诺·奥斯特罗姆的SES分析框架研究森林生态-经济系统的协同发展,主要研究内容如下。

第一章阐述本书的研究背景与意义,梳理国内外对森林生态-经济系统相关内容的研究动态并进行评述,指出该领域研究有待进一步完善的地方,在此基础上提出研究问题,紧扣研究问题提出研究内容、思路、目标与框架,并对研究创新点进行说明。

第二章以埃莉诺·奥斯特罗姆的SES分析框架作为本书主要理论分析框架,将公共池塘自主治理理论、生态经济系统协同发展理论、复杂适应系统理论、林业可持续发展理论等作为本书的支撑理论。

第三章对森林资源变动与林业经济发展状况做了介绍,主要讨论与分析森林生态系统与林业经济系统互动的逻辑理论关系,并对森林生态-经济系统实现协同发展的现实困境进行剖析。

第四章运用演化经济学理论,对森林生态经济耦合系统的演化过程以及耦合系统的特征、功能、机制、目标进行分析。本章将演化经济学中的动态、演化、创新等特征以及达尔文的理论基础运用到森林生态经济耦合系统的研究分析中,认为森林生态经济耦合系统的结构要素、功能要素、状态、特征等都在演化动力下,随着时间的推移而发生变化,并促使技术、制度、理念和模式等创新,使原有的惯例发生遗传、变异和自然选择,最终在耦合协同机制下,使森林生态子系统与林业经济子系统相互促进和相互协调,并达到森林生态、经济的平衡状态,实现二者的可持续发展。

第五章通过引入SES分析框架和自主治理理论,探析了森林生态-经济系统互动机理,并设计出相应的森林生态-经济系统协同发展的分析框架,研究子系统下的相关变量是如何影响森林生态-经济系统的协同作用的。

第六章结合前文建立的森林生态-经济系统协同发展分析框架,以及福建省具有代表性的案例村和相关数据资料,对影响森林生态-经济系统协同发展的关键变量进行识别。

第七章以自主治理理论为出发点,以案例村为观察对象,对福建省案例村自主治理机制的运行机理进行系统分析,并对案例村自主治理机制形成的主要条件进行分析。

第八章对行动者与治理系统合作博弈的演化机理进行分析,通过构建演化博弈模型,提出基本假设,系统分析了博弈双方演化稳定策略的走向及收敛趋势,并对博弈系统各均衡点稳定策略的参数进行了讨论。

第九章在森林生态-经济系统协同发展耦合的前提下建立了森林生态-经济系统动态耦合模型,构建了包括4个一级指标、17个二级指标的森林生态-经济系统耦合评价指标体系,对森林生态-经济系统的耦合发展进行判别和实证分析。

第十章对森林生态-经济系统协同发展的案例展开研究。碳票是森林资源的生态价值转化为经济价值的有效载体,也是森林生态-经济系统协同发展的具体实践产物。本章以林业碳票为例,从森林资源变资产为资本、碳汇核算体系构建和实现碳票市场化三个方面,对森林生态-经济系统的价值实现机制进行分析,得出以下结论:通过包装、定价、收储、售出,实现碳票市场化,促进森林生态效益和经济效益的有效转化。

第十一章总结本书的主要结论,提出相应的政策建议,并指出本书研究的不足及今后的研究方向。

三、研究框架

本书基本研究框架如下:(1)森林生态-经济系统协同发展的耦合分析;(2)森林生态-经济系统协同发展的机理分析;(3)森林生态-经济系统协同发展的实践检验;(4)森林生态-经济系统协同发展的自主治理关键变量的实践验证;(5)森林生态-经济系统协同发展的演化博弈分析;(6)森林生态-经济系统协同发展的动态耦合分析;(7)森林生态-经济系统协同发展的案例研究。具体的技术路线如图1-2所示。

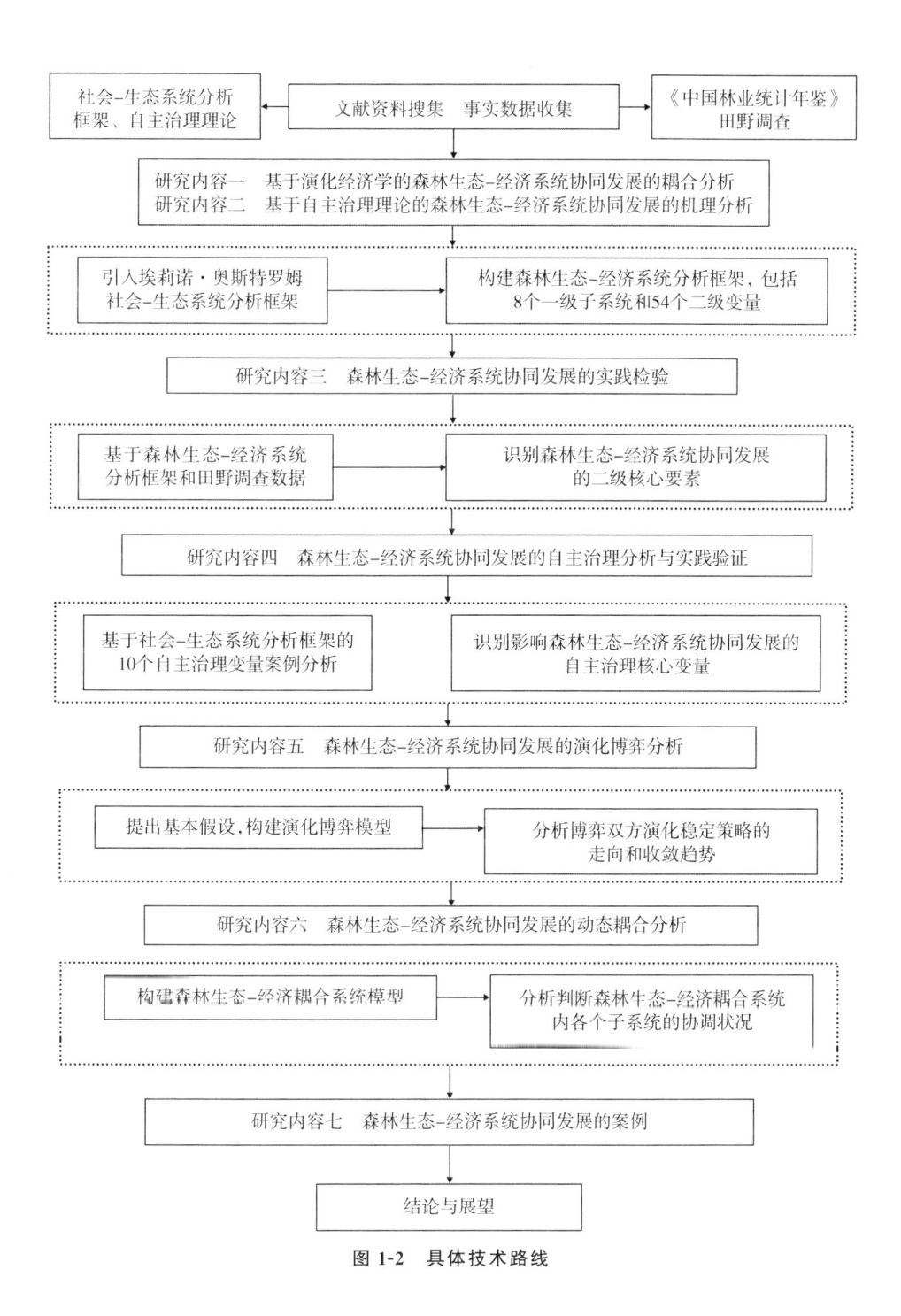

第一章 导论：森林生态-经济系统协同发展

```
┌─────────────────────┐   ┌──────────────────────┐   ┌──────────────────┐
│ 社会-生态系统分析    │   │ 文献资料搜集         │   │《中国林业统计年鉴》│
│ 框架、自主治理理论   │──▶│ 事实数据收集         │──▶│ 田野调查          │
└─────────────────────┘   └──────────┬───────────┘   └──────────────────┘
                                     │
                                     ▼
        研究内容一  基于演化经济学的森林生态-经济系统协同发展的耦合分析
        研究内容二  基于自主治理理论的森林生态-经济系统协同发展的机理分析

    ┌─────────────────────────┐        ┌──────────────────────────────┐
    │ 引入埃莉诺·奥斯特罗姆   │───────▶│ 构建森林生态-经济系统分析框架，包括 │
    │ 社会-生态系统分析框架   │        │ 8个一级子系统和54个二级变量  │
    └─────────────────────────┘        └──────────────────────────────┘

        研究内容三  森林生态-经济系统协同发展的实践检验

    ┌─────────────────────────┐        ┌──────────────────────────────┐
    │ 基于森林生态-经济系统    │───────▶│ 识别森林生态-经济系统协同发展 │
    │ 分析框架和田野调查数据   │        │ 的二级核心要素                │
    └─────────────────────────┘        └──────────────────────────────┘

        研究内容四  森林生态-经济系统协同发展的自主治理分析与实践验证

    ┌─────────────────────────┐        ┌──────────────────────────────┐
    │ 基于社会-生态系统分析框架│───────▶│ 识别影响森林生态-经济系统协同发展│
    │ 的10个自主治理变量案例分析│       │ 的自主治理核心变量            │
    └─────────────────────────┘        └──────────────────────────────┘

        研究内容五  森林生态-经济系统协同发展的演化博弈分析

    ┌─────────────────────────┐        ┌──────────────────────────────┐
    │ 提出基本假设，构建演化博弈模型│───▶│ 分析博弈双方演化稳定策略的   │
    │                          │        │ 走向和收敛趋势               │
    └─────────────────────────┘        └──────────────────────────────┘

        研究内容六  森林生态-经济系统协同发展的动态耦合分析

    ┌─────────────────────────┐        ┌──────────────────────────────┐
    │ 构建森林生态-经济耦合系统模型│───▶│ 分析判断森林生态-经济耦合系统 │
    │                          │        │ 内各个子系统的协调状况       │
    └─────────────────────────┘        └──────────────────────────────┘

        研究内容七  森林生态-经济系统协同发展的案例

                    结论与展望
```

图 1-2 具体技术路线

第五节 研究的创新点

首先,本书引入埃莉诺·奥斯特罗姆的 SES 分析框架,形成由森林资源系统、森林资源单位、治理系统、行动者等一级子系统组成的森林生态-经济系统分析框架,分析了子系统下二级关键变量之间的关联性和功能上的协同性,即不仅注意到了各个单一因素的作用,同时也注意系统内部各二级变量之间,以及系统与外部社会、经济政治背景和生态环境之间的联系。其次,本书引入埃莉诺·奥斯特罗姆的 SES 分析框架和自主治理理论,对森林生态-经济系统协同发展的机理进行分析,丰富了森林生态经济协同发展理论体系。再次,本书在评价指标选取上有所创新。现有研究选取的指标主要集中在森林生态子系统指标和林业经济子系统指标上,而本书不仅考虑到森林生态子系统和林业经济子系统相关的指标,还综合考虑到森林资源行动者、治理系统以及影响森林经营自主治理的因素,并建构相关指标,这些指标有助于衡量森林生态-经济系统协同发展的整体性、长期性。复次,现有的相关文献主要基于系统论原理,运用耦合协调度函数等相关数理方法和二手数据进行研究,可能在一些关键核心因素的实证分析上存在不足,本书的研究成果能与之进行互补。最后,本书对森林生态-林业经济系统协同发展的机理进行实践验证,进一步检验了理论与方法体系的可行性与合理性,能够更加客观真实地反应森林生态-经济系统互动关系的真实情况,提供新的微观依据。

第二章 概念界定与理论基础

本书主要引入埃莉诺·奥斯特罗姆的 SES 分析框架来分析森林生态-经济系统协同发展的机理。因此,本章先对一些相关概念进行界定,再以公共池塘自主治理理论、生态经济系统协同发展理论、林业可持续发展理论等作为本书的支撑理论,结合 SES 分析框架,作进一步的阐述。

第一节 概念界定

一、森林与林业

森林以前一般指没有被包围的广阔土地。后来,随着人类文明的演进,森林的含义也在发生转变。目前,森林的定义更加详尽,各国关于森林的定义中逐渐出现了最小面积、最小树高、郁闭度等具体量化指标。另外,森林的定义会因地区以及人们对文化和生存环境认知的不同而存在差异,会随着人们认知的变化而发生改变。一般认为,森林是以乔木为主体的生物群落,是乔木与其他植物、动物、菌物、低等生物以及无机环境之间相互依存、相互制约、相互影响而形成的一个生态系统。森林具有丰富的物种、复杂的结构和多种多样的功能,被誉为"地球之肺",在为人类提供大量的木材和林副业产品的同时,也在维持生物圈的稳定、改善生态环境等方面起着重要的作用,具有生态效益、经济效益和社会效益这三大效益。森林的分类是根据森林在国民经济和人民生活中所起的作用及其本身的特性进行的。按照《中华人民共和国森林法》,可将森林分为以下五类:防护林,即以防护为主要目的的森林、林木和灌木丛;用材林,即以生产木材为主要目的的森林和林木,以及以生产竹材为主要目的的竹林;经济林,以生产果品、食用油料、饮料、调料,以及工业原料和药材等为主要目的的林木;薪炭林,即以生产燃料为主要目的的林木;特种用途林,即以国防、环境保护、科学实验等为主要目的的森林和林木。实践中,常将防护林、特用林称为公益林,将用材林、经济林、薪炭林称为商品林。

国内外林业界对林业概念的界定较多。张建国(2002)将林业定义为:为保护生态环境和保持生态平衡,因生产木材、林产品而以培育和保护森林为基础,并集三大效益于一体的基础产业和公益事业。陈锡文(2006)认为林业是国民经济的产业部门;任务是培育、采伐和利用森林,并发挥森林的多种效益;目的是要实现国土的整治、修复与利用,保障农业稳产高产,改善人民生活条件,提高人民生活水平。《苏联百科词典》认为林业是社会生产的一个部门,从事保护、利用和更新森林的工作,以满足人们对木材和其他林产品的需要。尽管林业界从不同角度对林业进行了不同的界定,但可以看出共同点是认为林业以森林资源为基础,以人类活动为手段,在维护国家生态安全、促进农民就业、带动农民增收以及繁荣农村经济等方面有着非常重要和十分特殊的作用。

林业是综合生产部门,生产过程通常包含造林、森林经营和森林利用三个步骤;生产的主要特征包括森林资源可再生、地理性制约强、生产期长、面积大、成效显现速度慢等;生产的重要目标包括合理培育、经营、管理和保护森林资源并进行有效开发利用,科学规划造林方案,增加森林面积,提升森林覆盖率,促进木材及相应林产品的加工。林业不仅具有经济效益,依托于森林的自然属性,林业还在生态环境保护方面有所助益。1978年以来,我国不断强化林业建设,改善抚育管理,林业基本建设取得重大成就,造林面积和木材产量同步增长,用材林、经济林和防护林分布结构更加科学合理。从乡村振兴的角度看,林业产业建设是强化扶贫成果、预防大规模返贫的重要途径,也是推动乡村全面振兴、保持农民收入稳定增长的主要抓手。

二、森林生态系统与林业经济概念

生态系统是由英国生态学家坦斯利(A.G.Tansley)于1935年首先提出的,它具有物质循环和能量流动两大功能。森林生态系统就是包括以乔木为主的森林群落及其非生物环境的一个系统,系统中的各方面相互影响、彼此依存,构成一个整体。从森林生态系统的组成要素来看,其主要由非生物环境、生产者、消费者、分解者组成。其中:非生物环境主要包括诸多无机元素和化合物,蛋白质、碳水化合物、腐殖质等有机物,光、温度、湿度等物理条件;生产者主要包括绿色植物,还包括蓝绿藻和一些光合细菌等;消费者主要有食草动物、食肉动物、寄生虫等;分解者主要包括分解动植物残体的有机物的异养菌,如真菌等。

林业经济是指林业中的生产、交换、分配和消费等方面的经济关系和经济活动。林业经济的持续稳定增长不仅有助于为社会提供木材及林副产品等,还可以带动大量就业,创造经济效益和社会效益。同时,林业经济的发展还具有丰富的生态效益,有助于生态文明建设。可见,林业经济在促进国民经济持续发展和保障人民健康生活方面,有着不可替代的作用。而林业产业结构的不断调整、优化,是实现林业经济持续稳定增长的重要举措之一。林业产业以保护、培育和经营利用森林为主要任务,根据《中国林业统计年鉴2022》,可以将林业产业作如下分类,具体如表2-1所示。

表 2-1 林业产业的分类

类别	内容
第一产业	林木育种与育苗、营造林、木材和竹材采运、经济林产品的种植与采集、花卉及其他观赏植物的种植、陆生野生动物繁育、草种植及割草、其他
第二产业	木材加工及木竹藤棕苇制品制造、木竹藤家具制造、木竹苇浆造纸和纸制品、林产化学产品制造、木制工艺品和木制文教体育用品制造、非木质林产品加工制造、饲草加工、其他
第三产业	林业生产服务、林业旅游与休闲服务、草原旅游与休闲服务、林业生态服务、林业专业技术服务、林业公共管理及其他组织服务、其他

资料来源:《中国林业统计年鉴 2022》。

三、系统耦合

系统是由相互联系、相互依赖的事物有规律地组成的集合体,且是具有维的结构和特定功能的有机整体(李俊清 等,2016)。系统是广泛存在的客观事物,跨越了无机与有机、自然与社会科学,是科学研究绕不开的重点。严格来说,现实世界中不存在"非系统",也不存在组成整体但没有关联的多个集合。若部分群体组成的系统中的元素间的联系极弱以至于可以忽略,则将其视为二类非系统。系统的形成需具备三个条件:一是由多元素组成。系统的组成元素可以是几个个体、组件、零件,这些组成元素自身就属于单个系统。例如,消化道和消化腺构成了人体的消化系统,而消化道和消化腺也可以分别看作是由不同组织构成的两个单独子系统。二是各元素之间是彼此联系和相互作用的,并不是独立的。各元素之间相互联系、相互制约,彼此形成有机关联,由此构成系统。系统结构就是系统内各个组成部分之间较为稳定的联系方式、组织秩序和失控关系的内在表现形式,这对于系统构成并稳定运行十分重要。三是能独立发挥特定的结构功能。系统的功能即系统在与外界环境彼此交互和传递过程中出现的性质、能力和作用。

一个系统要想高速有效运转,必须保证其内部各子系统和要素的有序运行和良性循环。作为复杂的组织,系统具有整体性、空间结构性、层次性、复杂性、开放性等一系列基本特征。此外,系统还具有整体性、动态性、环境制约性、层次性、相关性、集合性等特征。可以按照不同方式对系统进行分类,比如:按照系统的状态划分,可以将系统分为动态系统和静态系统;按照系统的大小及复杂程度划分,可以将系统分为复杂系统、简单系统及小系统、大系统等;按照系统的目标和功能划分,可以将系统分为单目标功能系统和多目标功能系统;按照系统与外界环境是否有物质、能量等的交换,可以将系统分为开放系统和封闭系统。

理论生物学家路德维希·冯·贝塔朗菲在20世纪40年代首先提出了系统论,在此基础上,许多科学家对其进行大量研究并发展形成了更完善的系统论,该理论的核心是系统的整体性。贝塔朗菲强调系统的整体性时指出,系统内的各组成部分不是简单、机械地组合,而是有机地结合在一起,任何部分都不能表现出系统整体的状态或性质。徐端阳(2014)认为系统论的特征主要包括以下几个方面。

(1)整体性。传统的思维方式将系统各部分的结构和功能看成是独立的,而系统论作为一种新的思维方式,更注重系统各组成部分之间的相互作用、相互影响,并将系统看成各部分之间相互联系和相互作用的有机结合体,认为系统不是若干部分事物的简单叠加,而是一个整体,在结构和功能上具有新的性质。

(2)内部结构的关联性。系统内部的结构及各组成部分的联系决定着系统的整体性质。系统的结构是指构成系统各组成部分的比例、数量及其空间排列等,而系统各部分之间发生的物质循环、能量流动、信息传递和价值增值等称为系统内部的联系。从这个角度来看,系统内部结构和各组成部分联系的不同会导致系统性质和功能的不同。因此,了解系统的结构和各组成部分之间的联系有利于更好地了解系统。同时,如果要对系统进行改造,就可以从调整系统的结构和各组成部分的联系着手。

(3)开放性。系统论把相互关联的各部分看成一个整体(系统),且每个系统又是另外某个大系统的一个组成部分,因此,与传统观点把系统看成是封闭的不一样,系统论认为系统是与环境相互影响的。系统论还认为,如果系统是封闭的,那么它将无法从外界获取供其维持生命的物质、能量,只有开放的系统才能与外界保持联系,并不断地进行物质、能力和信息的交换。

(4)动态性。系统论认为:一方面,在系统内部存在着自组织活动,各组成部分之间相互影响、相互作用,并且系统自身在生长和衰退的过程中不断发生运动;另一方面,系统和环境不断发生作用,也会使系统的状态不断发生变化。

(5)有序性和目的性。系统的运动不是杂乱无序的,而是根据系统内部的结构和联系,以及与外界环境相互作用的关系朝着有序的方向运动。

耦合这一概念在物理学和电力学中被广泛应用,是指两个实体相互依赖于对方的一个量度。由耦合机制引发的现象随处可见,例如,宏观天体世界因引力场彼此作用产生的气候变迁与昼夜交替,微观物理世界由原子、电子、夸克等微粒彼此作用产生的有序物质合成和生命演化,就来源于强相互作用力、引力、电磁力、弱相互作用力这四种基本力之间的内在耦合作用。社会分工与个体存在差异是人类社会中的普遍现象,当个体通过激励、竞争、合作等方式进行耦合,即获得了"整体大于部分之和"的涌现性特征,呈现独特的集体智慧。

从系统论角度来看,两个或多个系统协同工作、产生合力,共同达成独立系统或者不完整系统不能达成的任务的过程即为耦合。基于这一耦合概念,系统耦合是指两个系统之间相互作用、相互影响,以促进两者良性、正向的相互作用,实现两者优势互补和协调发展。任继周(1999)提出系统耦合思想,认为系统耦合是两个或两个以上的系统在某种特定环境下进行能量、物流和信息流的相互作用,从而形成一个新的结构功能的过程,即两个及两个以上性质相近的系统具有互相结合的趋势,当条件成熟时,可结合为一个新的、更高一级的结构功能体。一个系统中各个元件的无组织合成可以形成一个整体,但该整体不是一个系统。一个系统的完整性需要基于一定的组织结构来表达,即系统中的元件通过预先设计的方法和机制相互联系、相互作用、进行耦合,系统才能拥有完整性特征。"三个和尚没水喝"的故事反映出,若只对系统的所有成分进行简单的拼盘式加总,而内生动力不足,是很难形成有目标的系统的;"三个臭皮匠顶个诸葛亮"反映出,若系统中各成分相互联系、相互耦合,最终就可以成为能够达成目标的系统。可以看出,由于系统各组成部分之间存在有机关联与耦合作用,系统具有整体性、目的性、动态性、有序性等特征。因此,使用系统耦合框架,可以分析系统内部的各种变量以及它们之间的相互关系。

四、森林生态-经济系统

森林生态系统(Forest Ecosystem)是森林生物群落(包括植物、动物和微生物)与其非生物环境(包括土壤、阳光、温度、水、大气等)在物质循环和能量转化过程中形成的生态系统(李俊清 等,2016)。森林生态系统作为陆地生态系统的主体,在维持生态平衡和维系人类生活方面起着关键的、无法替代的作用,是人类生存和发展的必需品,具有生物种类丰富、层次结构丰富、食物链复杂、光合生产率高以及生物生产能力高等特征,具有调节气候、涵养水源、保持水土、防风固沙等方面的功能。

林业经济系统是在森林资源和生态环境可持续的基础上高效科学地发挥森林经济功能的一个有机整体,主要通过加快林业产业结构升级、促进林业产业结构调整、提升森林资源利用率,来为人们的生产和生活提供极大便利,并使得森林资源的经济价值在最大程度上实现。林业经济系统包括木本粮油、林下经济、数字林业等产业,致力于将森林生态优势转化为产业优势、经济优势。林业经济系统的有效运行,对发展林业经济、促进生态文明建设至关重要。现代林业经济是集有形产品和无形产品于一体、涵盖一二三产业的复杂的经济运行系统,其运行遵循着林业经济系统与生态系统动态平衡的规律。促进林业经济系统良好运行,能够为生态文明建设提供坚实保障,是发展社会经济的重要途径。

(一)森林生态-经济系统的内涵界定

森林生态-经济是以森林资源及生态环境为基础,在森林生态系统承载能力范围内,科学高效利用森林的多种功能,提供人们生产和生活需要的产品和服务,最大程度地实现森林资源的经济价值,维持森林生态与林业经济协调发展的经济形态(田淑英 等,2017;谢朝柱 等,1993)。森林生态-经济系统是指由森林生态系统和林业经济系统构成的具有一定结构和功能的复合系统。两个子系统各有其运动规律,同时又相互制约、相互促进,在制约中实现相对平衡,在促进中求得同步发展(田淑英 等,2017;吕洁华 等,2011;徐端阳,2014;马玉秋,2015;王静 等,2017)。森林生态-经济系统的平衡是其能量、物质输入与输出的动态过程所处的相对均衡状态(谢朝柱 等,1993)。作为一个特殊的复合系统,森林生态-经济系统蕴藏着复杂繁多的循环方式和途径(吕洁华 等,2011),通过这些方式形成良性循环的状态或形式,是实现森林生态-经济系统协同发展的重要基础。

(2)森林生态-经济系统的复杂性特征

森林生态-经济系统为复杂自适应系统,演化的动力本质上来源于系统内部,微观主体的相互作用生成宏观的复杂现象。对森林生态-经济系统的研究思路应着眼于系统内在要素的相互作用,所以应采取"自下而上"的研究路线(蔡晶晶,2012);对森林生态-经济系统的研究深度不限于对客观事物的描述,而是更着重于揭示客观事物构成的原因及其演化的历程。研究森林生态-经济系统问题的方法与传统方法也有不同之处,是定性判断与定量计算相结合,微观分析与宏观综合相结合,还原论与整体论相结合,科学推理与哲学思辨相结合。许多生态学者认为,森林生态-经济系统是一个复杂的、具有适应性的生命系统,应作为一个整体的、共同演化的系统进行研究(马世骏 等,1983;任继周,1994;岳明 等,2008)。

延续效应(Legacy Effects)是指森林生态-经济系统受物理和生物条件、社会经济的影响是有累积性和延续性的。例如,森林物种结构、森林面积和森林年龄结构对森林生态-经济系统的影响是具有累积性的。时滞性(Time Lags)是指林业经济系统对森林生态系统的影响具有明显的时滞性,是长期、渐进的。异质性(Heterogeneity)包括空间异质性(Spatial Heterogeneity)和时间异质性(Temporal Heterogeneity):空间异质性表示处于不同生态位的生物拥有的生物学特性存在差异,例如森林与海洋生物差异较大;时间异质性表示处于相同生态位的生物在不同时期拥有的生物学特性存在差异,例如森林中冬、夏季节的动植物分布不同。森林生态-经济系统的各组成要素及其属性具有不均质性和复杂性,其结构和功能在不同层次的异质性斑块所构成的镶嵌体、森林资源、物种、物质、能量或干扰会促进或阻碍耦合系统的运动,且随着森林生态-经济系统因时间和空间的变化而演变,会导致系统存在阈值(Threshold)和断裂点(Tipping Point)。阈值又称为临界值(状态之间的转化点)指一个效应能够产生的最低值或最高值;断裂点与阈值相对应,也代表着临界,指稳定的系统崩溃或者转向不稳定时的临界状态。

五、集体行动与行动者

集体行为是经济社会学、政治经济学、社会心理学和公共管理学等多个学科领域的共同研究主题。集体行为通常是指群体成员以改变群体境况为目的,受共同情感和目标驱使而形成的行为。赵鼎新(2012)认为,集体行动与社会运动和革命应属于相同层面的概念,集体行动是一种由多个个体组织和参与的强自发性制度外政治行为。美国经济学家奥尔森(2024)在其著作《集体行动的逻辑》中指出,由于"搭便车"现象的普遍存在,具有共同利益或相同目的的集体并不一定会产生集体行动。集体共同利益对于成员而言是公共的、无需成本也可以获得的物品,成员可以不计成本地享受利益。所以,理性的人不会参加对他们来说需要付出私人成本但是收益是共享的集体行动。作为一种社会现象,集体行动广泛存在于人类社会当中,当个体不能依靠自身供给公共物品的时候,就会产生集体行动。对集体行为理论的探讨存在于社会科学的各个领域,如果试图解决合作中存在的"搭便车"问题,就有必要充分利用集体行为的理论框架进行分析。本书将集体行动界定为,在林区中具有相互依赖关系的行动者和治理系统中的一群人,就共同面对森林经营中森林保护和获取林业资源的行动问题进行协商,并通过相应的制度安排实现森林资源的供给,从而增进共同利益的活动。一般来说,相关利益群体对共同制度安排和遵守得越好,其参与集体行动的积极性就越强;相关利益群体自我组织得越好,其集体行动能力就越强(苏毅清 等,2020)。

行动者是集体行动的发起者、参与者、指导者。理性选择理论将集体行动定义为一种能够提供集体物品的行为。理性选择理论中假设行动者都是理性的,对具体成本收益的计算结果将直接影响行动者参加集体行为的决策;认为行动者对集体事务的决策过程是分散的,但决策结果是合成的,其他行动者的决策会影响独立行动者的状况。与理性选择理论不同,社会规范理论不以利益计算的理性逻辑对集体行动进行解释,而是认为:集体行动应遵循与社会正当要求相符的合法性逻辑;理性人彼此的策略博弈是社会规范产生的摇篮;随着社会规范的发展,集体行为激励将从短时间的个人利益核算转向长时间的集体规则认同;行动者能够在缺少集权代理人的不利情况下,有条不紊地达成集体合作的秩序。社会建构论认为:行为者社会性地拥有群体认同意识,能够向集体提供与其社会位置相关的文化材料以满足集体行动的需要;行动者会与外部环境以及其他主体相互交流,但各个行动者都拥有各自的选择逻辑和行为准则,如果他们彼此相合,集体行动就会推动主体性的发展,反之就会阻碍主体性的发展。本书中将行动者界定为林农、林业专业合作社、林业龙头企业、国有林场等森林经营群体,将治理系统界定为中央政府、地方政府、村委会或村民小组、市场和社区等分权多中心决策治理群体(赵佳程 等,2020;刘璨,2020)。

第二节 理论基础

一、自主治理理论

美国学者 Hardin(1968)在 Science 杂志上发表的"The Tragedy of the Commons"(《公地悲剧》)一文,针对公地悲剧创设了这样一个场景:一群牧民共同在一个公共草场放牧。一个牧民想通过多养一只羊来增加个人收益,虽然这个牧民非常清楚草场上羊的数量已经过多了,再增加羊的数目,将使草场中草的质量下降,但这个牧民将如何取舍呢?如果这个牧民从个人的私利出发,肯定会选择多养羊以获取更多收益,因为草场退化的代价是由大家共同承担的。如果每一个牧民都这样选择,"公地悲剧"就上演了,草场将持续退化,直至无法养羊,最终导致所有牧民破产。Olson(1971)的论文《集体行动的逻辑》提出类似的问题:公共池塘资源因自由的准入和无限的需求而被过度开采和消耗,从而导致"公地悲剧"。Olson 还在此文中提出集体行为理论:社会效用无法因个人的理性选择而自发提升,只有通过选择性或强制性的方式才能保证公共物品的有效供给。针对上述问题,有关学者提出公共资源彻底私有化或政府强制干预的解决路径。

为深入挖掘"公地悲剧"的本质问题,埃莉诺·奥斯特罗姆带领研究团队针对"公地悲剧"模型进行分析和探讨。从1992年开始,研究团队在15个国家建立林业研究组织监测站,并对这些国家10多个乡村的森林资源自主治理进行长达20多年的实地田野调查和案例研究,深刻剖析人的行为与生态系统的相互作用机理,同时从小规模公共资源问题入手,通过一系列的理论与案例研究开发了自主组织创新制度理论,为处理"公地悲剧"问题开辟了新的路径。2009年,埃莉诺·奥斯特罗姆在 *Science* 杂志上发表了《社会生态系统可持续发展总体分析框架》一文,引起了学界对社会生态系统理论与实践探索的高度关注和广泛的运用(谢晨 等,2017;王浦劬,2015)。2009年,她获得诺贝尔经济学奖。她的主要贡献是在企业理论和国家理论的基础上,提出关于森林、牧区、水资源、渔场、气候等公共池塘森林资源的自主治理理论和社会-生态系统可持续性制度分析框架。

奥斯特罗姆以国家理论与企业理论为重要基础,提出自主治理理论,对集体行为理论进行了发展和完善。在《公共服务的制度建设》和《公共事务的管理》两本书中,奥斯特罗姆以实证方法与隐含博弈结构为分析重点,从影响理性个人策略选择的四个内部变量、制度供给、可信承诺和相互监督、自主治理的具体原则这几个方面陈述了自主治理理论的主要内容。奥斯特罗姆提出,面对小范围的资源利用与公共事物治理场景,长期的集体生活与沟通可以帮助人们创建公共行为规范与互惠的工作模式,由此,诸多个体可以被组织起来维护公共利益,进行集体行动,实现自主治理。在奥斯特罗姆看来,自主治理理论试图解决集体行动中的"囚徒困境""公地悲剧"等问题。该理论认为,在公共池塘资源管理中,个体和群体可以通过自主设计和执行规则来实现资源的有效管理,而不需要完全依赖于中央政府的集权管理。

二、系统协同发展理论

协同学理论由德国学者哈肯于 1971 年提出,是探究组成复杂系统的多个子系统之间如何进行动态竞争、合作、协调、协同,从而赋予系统整体性、稳定性、目的性和确定性特征的一门科学。协同机制是系统演化的重要基础与前提,在复杂的系统演化过程中具有重要地位。协同机制的协同价值会随着系统复杂程度的提高而提升,可以促进系统内部各组成部分之间以及系统与外界的物质运输、能量转化和信息传递。复杂系统中的各个子系统需要在复杂系统协同机制的作用下集成在一起,使得复杂系统的整体效能得到提升。与此同时,各个子系统之间的互补效应会显现,系统的整体功能远远超过各个子系统功能的简单加总。由此,协同学理论指出,复杂系统中所有子系统在系统内部产生的协同机制是复杂系统由无序向有序转变的重要影响因素,各个子系统在复杂系统演化时的协调与耦合会对复杂系统的有序化起到重要作用。协同发展(Collaborating Development)指系统与组成系统的各个子系统之间彼此适应、促进、协同、合作,通过耦合作用达成共同互惠发展的良性循环过程。协同发展针对的不是一个单独系统,而是指向一个整体性、内生性、综合性共存并发的完整聚合过程,在此过程中,所有子系统之间动态促进、相互作用、相互协同。

客观世界里存在着许多看起来不同的系统,但在某种意义上却具有较大的相似性。协同论设想在跨学科视角内,通过考察它们之间的相似性来探求其规律,主要通过类比从无序到有序运动过程中的现象,来建立分析研究系统的数学模型,发挥系统中各子系统之间的协同作用。协同论认为:尽管不同系统的属性存在着很大的差异,但是当它们作为一个整体处于环境中时,又会相互作用、相互联系,构成一个有机体,比如社会系统中各企业之间的相互合作和竞争、企业内部部门之间的合作等现象;在一定的条件下,通过分析组成系统的各子系统之间相互作用、相互联系、相互配合的过程,可以探讨其发展演变所遵循的共同规律。

在协同论中,分别用序参量和序参量的变化来描述系统宏观有序的程度和系统从无序到有序的转变情况。序参量控制系统的演化进程,并且决定系统演化的最终结构和有序程度。其他参量通过耦合和反馈作用牵制序参量,但又受序参量的主导。在这种相互作用下,一个具有防干扰能力的、有序的自组织形成。序参量随外界条件的改变而改变,当外界条件到达临界值时,序参量达到最大值,这个时候,宏观有序结构出现;当序参量为 0 时,意味着系统处于完全无序状态。

协同论揭示了事物或系统的状态从旧结构的稳定状态到不稳定的状态,最终回到新结构的稳定状态的变化模式,这种变化模式具有普遍性。协同论在物理学、化学、生物学、经济学、社会学、自然学、天文学等诸多学科中都有广泛应用,并且被应用在关于有些完全不同的学科之间相互促进和相互作用的关系的探讨中。

生态-经济系统协同发展是指生态子系统和经济子系统之间,以及系统内部构成要素之间,通过相互影响、相互作用,耦合成具有一定有序性并动态演化发展的运行状态。耦合水平越高,越会呈现一种高效的生态-经济系统协同形态,否则会呈现低效的生态-经济系统协同形态。森林生态-经济系统是一个特殊的复合系统,其协同发展包含生态协同发展、经济协同发展和社会协同发展。在森林生态-经济系统中,生态子系统是基础,经济子系统是产物,社会子系统是保障,三者在功能和性质等方面既有联系又有区别。探讨三个子系统协同的规律及原理,通过维护和调控手段打破系统内部的无序性,实现系统在功能上的协同,才能实现森林生态-经济系统可持续发展。总的来说,要实现森林生态-经济系统的协同发展,需要满足两方面条件:一是系统各个构成要素相互组合,并形成合理的排列方式和比例;二是为实现系统协同发展的总目标,从外界进行调控。

三、生态经济理论

生态经济系统是指由自然生态系统和社会经济系统相互作用、相互联系、组合而成的复合系统,由人口、资源、环境、物质、资金和技术等六大基本要素组成。按照构成生态经济系统的六大要素的属性,可以将这六大要素分为自然生态系统要素和社会经济系统要素两大类,其中:自然生态系统要素包括人口、资源、环境,它们构成生态系统结构;社会经济系统包括人口、物质、资金、技术,它们构成社会经济系统要素结构。在自然生态系统和社会经济系统之间存在物质的循环、能量的流动和信息的传递,还存在着价值流沿交换链的运动,在此过程中自然生态系统和社会经济系统实现有机合成。自然生态系统是社会经济系统的基础,没有自然生态系统的资源供给,就没有社会经济系统的发展。

生态经济系统内部不断发生物质循环、能量流动与信息传递,使生态系统和经济系统之间保持着动态相关的关系。如果生态系统退化,则它输入经济系统的物质和能量就会相应减少,从而引起经济系统退化;如果经济系统过度地从生态系统中获取物质和能量,就会造成生态系统退化。因此,要保证生态系统和经济系统良性循环,就必须使生态经济系统协调发展,使二者在结构和功能上保持动态平衡。

生态经济系统结构是指生态经济系统内部人口、环境、资源、物质、资金、科技等要素之间的相互关系,它具有开放性、立体性、网络性、有序性、稳定性、动态性等基本特征。生态经济系统结构包括三个基本关系:一是自然生态系统是社会经济系统的基础,自然生态系统为人类的产生和进化提供了环境,人类在生产和生活过程中创造了社会经济活动,从而有了社会经济系统。二是相对于自然生态系统而言,社会经济系统占主体地位。在复杂的生态经济系统内,以人类为核心的经济活动所构成的社会经济系统处于主体地位：一方面，人类社会生产与再生产过程中，不仅能利用环境，还可以改造环境；另一方面，人类可以利用经济力量，通过各种措施保护、改善和重建生态系统。三是社会经济系统与自然生态系统的复合结构关系。自然生态系统和社会经济系统各自都有自身的循环运动渠道，如物质循环、能量流动、信息传递、价值增值等，只有在生产与再生产环节，两大系统才相互有机联系，结合为一体。社会经济系统对自然生态系统具有正、反两方面作用：经济系统在遵循生态规律的前提下进行经济活动，不仅可以最大限度地利用生态资源，还能够提高生态系统的生产力，此即正面作用；经济系统如果违背生态规律进行经济活动，不仅会降低生态系统的生产力，长期来看还会阻碍经济系统的持续发展，此即反面作用。

生态经济系统结构优化的目的是使系统组成要素实现最优配置，完善系统功能，从而实现系统的良性循环。它是按照系统理论，以生态学、经济学和生态经济学原理为指导，根据生态系统和经济系统之间的耦合关系和内部作用机制，对生态经济系统的组成要素及其布局和配置进行最优化设计，从而实现生态经济系统的协调发展。

生态经济系统的功能和结构是统一的，包括物质循环、能量流动、信息传递和价值增值四个方面。这四个方面的功能之间相互联系、相互作用、相互反馈，共同推动生态经济系统不断运动，在此过程中促进生态经济系统协调发展。其中：物质是系统的架构，是系统形成和运动的载体；能量是系统的动力，它保障系统的正常运作；价值流为系统"造血"，推动系统的变化和运动；信息流起到系统控制和调节的作用。生态经济系统只有作为一个有机整体，才能更好地发挥功能。

四、演化经济学理论

演化经济学主要应用于研究系统多样性、质变、报酬递增和系统协同效用等问题,在20世纪80年代之后越来越受到关注。温特和纳尔逊对演化经济学的创立和进步作出了突出贡献,两人共同撰写的《经济变迁的演化理论》一书被看作演化经济学形成的重要标志。演化经济学提出用历史时间概念的演化模型取代新古典经济学所主张的均衡模型,强调无止境的变化过程。此外,演化经济学在分析中罕见地加入了与制度、文化、习惯等相关的诸多影响因素,这为现代经济学研究提供了创新性范式。

演化经济学强调用动态演化的观点来阐述各种社会经济过程,采用历史动态观揭示驱动经济发展过程的要素。演化经济学中提倡的制度演化与选择实际上是典型的不稳定、非和平、非线性机制,不断演化是转化现象的产物。演化还表明随着时间的推移会出现新的代表性对象。新技术实际上是经济演化的基础,采用发展动力的协同演化分析方法有助于更好地理解经济转型的推动力,揭示更加深刻的社会特征。因此,演化经济学主张抛弃主流经济学的机械还原方法,在一定程度上也要摒弃基于牛顿力学的静态平衡分析方法,要从演化、系统、整体的视角分析运动过程,创建动态的经济演化模型。

演化经济学致力于阐释一个复杂社会-经济系统的内部结构,从而更好地认识技术进步、林业产业变迁和制度创新的过程(贾根良,2012)。演化经济学凸显了时间与历史在经济演化中对森林生态-经济耦合系统的建设性作用;演化过程分析是一种动态分析,强调技术、结构和制度变迁(贾根良,2012)。时间的存在意味着经济变迁是一种演进的过程,这个过程不仅包含着未来的不确定性与非决定性,而且还包括过去的沉淀对未来发展所起的作用。因此,森林生态-经济系统具有时间依赖和时间不可逆等问题,实施技术和创新政策是为了达到帕累托最优。时间可能对森林资源具有深远的影响,考虑到价格、成本和利率可能会随着时间的推移而变化,林地资源、森林资源的碳存储功能也会随着时间而变化。森林不仅时刻处于动态变化之中,又会对许多干扰因素不断作出响应,因此,从动态的视角来研究森林生态经济系统的特征符合森林的这一特点(沈国舫,2000)。

五、林业可持续发展理论

可持续发展是指既满足当代人的需要,又不对后代人满足其需要的能力构成危害的发展,以公平性、持续性、共同性为三大基本原则。公平性原则不仅包括本代人的公平,还包括世代间的公平,也就是包括世代内的横向公平和世代间的纵向公平。持续性原则要求人们以可持续为依据调整生产生活方式,将自己的消费标准控制在一定的范围内,科学开发利用自然资源,维持可再生资源的再生产能力,保持环境的自净能力,同时寻找替代资源,避免不可再生资源被过度消耗。共同性原则是指可持续发展与世界发展息息相关,推进可持续发展总体目标必须全球共同合作、各国积极配合,推动制订保护全球环境和发展体系、尊重各方利益的国际协定。可持续发展理论认为,可持续发展由代内公平和代际公平组成(方行明,2017),最终目标是实现共同、协调、公平、高效、多维发展。首先,要努力实现当代人的自身公平发展,即实现代内公平,需要遵循的原则包括生存与发展公平性原则、发展道路选择上的公平与自主原则、全球化规则制定的公平原则、各国环境责任分担公平原则和环境补偿原则这五大原则。其次,增强后代人解决问题和化解危机的能力,即实现代际公平。增强后代人解决问题和化解危机的能力,其核心是增强后代人的创新能力,需要遵循的原则包括当代人优先原则、节俭原则、高效原则、创新原则与人道原则。

林业可持续性是指既要保持森林生态系统的林地生产力、森林可更新能力和生物物种多样性,也要保持森林环境的生态完整性和满足后代需求的可持续性。沈国舫(2000)认为林业的可持续性主要包括森林资源的可持续性、森林环境产出的可持续性、森林物产的可持续性以及森林社会功能的可持续性。

林业可持续发展于1992年在世界环境发展大会上被首次提出,以森林生态系统为基础,主张人类在确保森林生态系统生产力和可更新能力不受到损害的前提下进行林业实践活动。林业可持续发展即森林生态-经济系统可持续发展,涉及森林生态系统全部功能的维持和发展,主要包括:推动林地生产力和森林再生产能力的持续发展;持续保持森林资源的开发利用价值;促进林业产业的健康有序发展,不断优化树种结构以及林业产业结构与布局;不断增加林业产业的投资,提高林产品市场的竞争力。一般来说,林业可持续发展的目标应当从森林所发挥的作用来考虑,主要包括社会、生态、经济目标。社会目标是指森林满足人类基本生活需要,以及随着人类对森林社会、文化等方面的需求不断扩大,满足人类的多元需求。生态目标是指林业可持续发展关注森林生态系统的完整性和稳定性,保护森林生物多样性,保持森林生态系统的生产力、可再生产能力和长期健康发展能力。经济目标是指人类对林业的需求是林业经济发展的方向,而林业经济发展的过程中要注重林业可持续发展,依靠技术进步、制度创新使林业经济增长的质量更高,避免无发展的增长,采取科学、可持续的方式增长。

第三节 研究方法的分析框架

本书运用的主要研究方法如下: 是理论推演法。主要运用公共池塘自主治理理论、生态经济系统协同发展理论、复杂适应系统理论以及林业可持续发展理论等相关理论,对森林生态-经济系统的内涵和复杂性特征进行科学概括,并进一步分析运行机理。二是数量分析法。通过构建森林生态-经济系统中的行动者和治理系统演化博弈模型,对博弈演化策略的平衡点进行分析,同时,构建森林生态系统与林业经济系统的耦合演化模型,建立森林生态-经济系统协同发展的评价指标体系。三是案例分析法。基于已构建的森林生态-经济系统协同发展评价指标体系,结合案例村的情况,对二级变量进行实证检验,进一步检验理论与方法体系的可行性与合理性。四是实地调研法与问卷调查法。实地调研采用深度访谈、专家咨询的方式,结合问卷调查,获得一手数据,在丰富研究数据的同时提高调研效率。

美国学者埃莉诺·奥斯特罗姆提出 SES 分析框架。国内学者运用 SES 分析框架研究中国森林资源治理(王浦劬 等,2015)、灌溉治理(王亚华 等,2019;王亚华,2018;王亚华 等,2014)和集体林权制度改革(刘璨,2020b;蔡晶晶 等,2011;蔡晶晶 等,2020)等科学问题,认为 SES 分析框架能够为森林资源治理和农村灌溉治理提供思路。森林资源是典型的公共池塘资源(王浦劬 等,2015;谢晨 等,2014),且森林生态系统与林业经济系统存在多元互动关系,这种互动关系嵌套在复杂的社会-生态耦合系统中,因此,本书以 SES 分析框架为基础,构建森林生态-经济系统协同发展的分析框架。

一、SES 分析框架构成及运行机理

人类行动和生态系统是紧密地联系在一起且相互依赖的,由此形成相互耦合、多维互动的社会-生态系统。SES 分析框架把政治学、生态学、社会学、经济学等多学科知识应用于研究生态系统、社会系统之间的复杂关系,为描述和解释社会系统和生态系统之间、社会系统内部子系统之间的复杂关系提供了全景描述框架与跨学科通用语言。McGinnis 等(2014)对社会-生态系统分析框架进行了修订,形成修订后的 SES 框架,见图 2-1,从中可见一级子系统的逻辑关系。

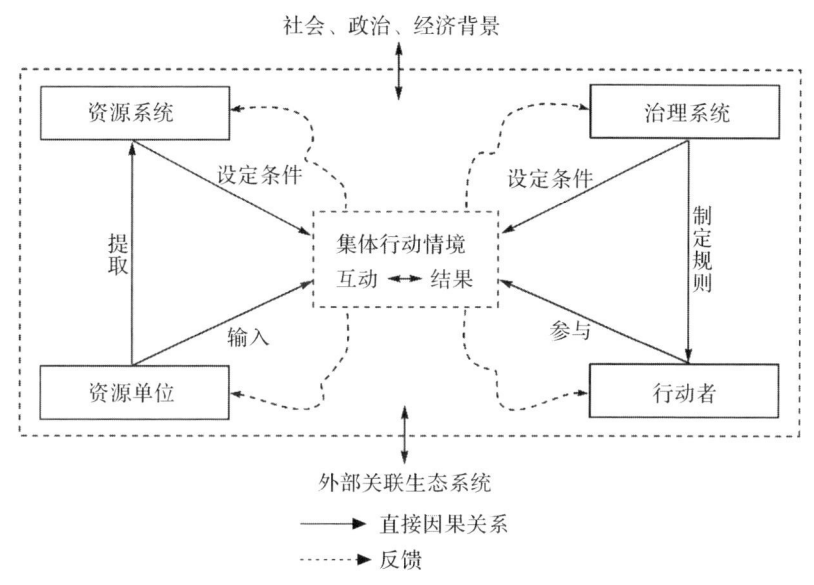

图 2-1　修订后的 SES 分析框架一级子系统的逻辑关系

修订后的 SES 框架总体描述了在社会、政治和经济背景和外部关联生态系统下,资源系统、资源单位、治理系统和行动者这四个一级子系统之间的相互作用关系。这四个子系统之间互动的最终结果为实现生态系统的社会效益、生态效益和经济效益。与此同时,互动结果也会反作用于四个一级子系统,进而形成相互作用的循环结构。

在政治和文化背景下,资源行动者作为高效的管理和使用资源系统的行动主体,从资源系统中获取资源单位,再通过治理系统高效支配的规则与程序,确保资源系统的持续高效运转(蔡晶晶,2012)。资源系统具有复杂性、不可恢复性等特征,社会系统的运行会对其产生影响,因此,考察和分析社会-生态系统及其构成要素之间的内在机制尤为重要。行动者以资源的开发利用和资源系统的稳定维护为中心,通过治理系统形成相互制约,进行一连串的相互作用,得到相应结果,并向系统提供反馈。交互过程和结果输出把人类系统和资源系统联系在一起,构成了自然资源治理中的重要行为状态,同时也形成了 SES 框架的核心。在奥斯特罗姆看来,资源治理仅仅是庞大社会系统与生态系统中的一小部分,经济、技术、政治、社会以及地理、生态、气候等宏观背景因素都会对其产生影响。不同条件与情况下,治理困境的来由与呈现存在一定程度的差异。社会、经济、文化背景和个人经历等诸多因素共同作用于行动者,因此行动者生成的偏好与获得的激励也各不相同。由此,在修订后的SES框架中,社会、经济、政治背景和外部关联生态系统作为两个新的宏观背景变量被补充进来。

为了更好地诊断各种情境的具体情况,SES框架中的各个核心变量能够进一步细分为多个二级变量,同样地,各二级变量也能够继续细分。变量的选择和细分水平由研究者根据研究目的和理论决定。SES框架的多层次分析结构使研究者能够有针对性地分析影响不同社会生态系统的变量组合,防止因将现实情境过于简化而得出"万能药"式的政策建议。

二、SES分析框架二级子变量的构成

McGinnis等(2014)通过对SES分析框架一级子系统的分解、细化和组合,设计出含有53个二级子变量的二级子变量表(见表2-2),这些二级子变量与一级子系统之间存在互动关系(王浦劬 等,2015;谭江涛 等,2018)。该量表可用于考察和分析资源系统、资源单位、治理系统、行动者之间的相互作用机理。二级子变量中,资源系统的规模、生产系统、系统动态变化的可预测性、资源单元的流动性、集体选择规则、行动者数、领导力/企业家精神、社会规范/社会资本、SES的知识/思维方式、行动者对资源的依赖程度是10个关键变量,且是与自主治理有关的次级变量。这10个关键变量在社会生态系统自主治理中发挥着重要作用。奥斯特罗姆提到,10个关键变量固然重要,但要达成长期可持续的制度安排,必须在实践中满足因地制宜、有效监督等条件。可以看出,SES框架所体现的设计原理和诊断方法不是相互排斥的,而是通过组合互补的。一些其他设计原则可以在实际应用中作

为核心变量灵活嵌入 SES 框架,并进行修改和调试,为复杂系统的资源治理提供理论支撑。

表 2-2　SES 分析框架二级子变量表

一级子系统	符号	二级变量	符号
社会、政治、经济背景	S	经济发展程度	S1
		人口变化趋势	S2
		政治稳定程度	S3
		政府资源政策	S4
		市场激励作用	S5
		媒体组织	S6
资源系统	RS	资源类型	RS1
		清晰的系统边界	RS2
		资源系统的规模*	RS3
		基础设施	RS4
		生产系统*	RS5
		自我保持平衡的能力	RS6
		系统动态变化的可预测性*	RS7
		资源储存特征	RS8
		位置分布	RS9
资源单位	RU	资源单位的流动性*	RU1
		增长与更新率	RU2
		资源单位间的相互作用	RU3
		经济价值	RU4
		资源单位的数量	RU5
		明显的标记	RU6
		时空分布	RU7

053

续表

一级子系统	符号	二级变量	符号
治理系统	GS	政府组织	GS1
		非政府组织	GS2
		网络结构	GS3
		产权系统	GS4
		操作规则	GS5
		集体选择规则*	GS6
		法律规则	GS7
		解决冲突的机制	GS8
行动者	A	行动者数*	A1
		行动者的社会经济属性	A2
		资源使用历史	A3
		行动者和资源的地理位置关系	A4
		领导力/企业家精神*	A5
		社会规范/社会资本*	A6
		SES的知识/思维方式*	A7
		行动者对资源的依赖程度*	A8
		所使用的经营技术	A9
相互作用	I	资源收获水平	I1
		信息分享情况	I2
		商议过程	I3
		冲突情况	I4
		投资活动	I5
		游说活动	I6
		自组织活动	I7

续表

一级子系统	符号	二级变量	符号
		网络架构活动	I8
结果	O	社会绩效评估	O1
		生态绩效评估	O2
		经济绩效评估	O3
		治理绩效评估	O4
外部关联生态系统	ECO	气候条件	ECO1
		污染情况	ECO2
		社会-生态系统的能量流和信息流	ECO3

说明：* 为与自主治理有关的次级变量。

第四节 本章小结

本章系统介绍了 SES 分析框架、自主治理理论、生态经济系统协同发展理论、演化经济学理论、林业可持续发展理论等理论基础，并对本书研究涉及的相关概念和研究方法作出阐释，为后文的研究奠定了基础。其中，自主治理理论、演化经济学理论与可持续发展理论贯穿本书所有研究，其他理论起到了重要辅助作用。同时，本章明确了研究森林生态-经济系统协同发展机理，才能走出一条生态效益、经济效益与社会效益并存的林业可持续发展道路。

第三章　森林生态-经济系统协同发展的现状分析

虽然森林生态-经济系统协同发展一直是森林经营可持续发展的热点，但是森林生态-经济系统协同发展的状态是随着时间推移而发生变化的。20世纪初，中国的森林资源基础薄弱，生产技术水平低，为实现工业化，在相当长的一段时间内以木材生产为中心，但随之而来的是森林资源的过度开采，导致森林资源质量下降、水土流失严重等一系列生态问题产生，资源与经济的矛盾与冲突日益尖锐。直至20世纪末，中国出台相关政策，全面禁止大规模采伐天然林，以恢复森林资源、保护生态环境。然而，作为发展中国家，低发展水平下的恢复与保护森林，又使中国面临经济增长的压力（谷振宾，2007）。因此，森林资源是经济发展的基础，同时又制约着经济的发展。尽管目前中国森林资源在数量与质量上都逐渐得到改善，经济也实现了显著发展，但保护和恢复森林资源是社会经济长期可持续发展的必然选择。本章将通过纵向对比总结中国森林资源变动情况和林业经济发展特点，横向分析中国森林资源变动与林业经济发展的关系，并重点提出中国森林生态-经济系统协同发展的现实困境，为中国森林生态-经济系统协同发展的机理分析奠定现实基础。

第一节　森林生态-经济系统协同发展的互动关系

一、森林资源承载力与林业经济增长压力

森林资源具有社会效益、经济效益和生态效益，是发展林业经济的基础。森林资源承载能力强弱和林业经济增长压力大小决定森林生态-经济系统是否能够长期可持续健康发展。

一方面，森林资源承载力作为森林生态-经济系统中的桥梁，为林业可持续发展提供重要保障。随着人口增长和社会经济的快速发展，森林资源变得稀缺。林业可持续发展的目的在于真正实现生态平衡，协调好资源保护与林业经济发展的关系（张廷国，2021）。林业经济的发展要在森林资源可承受的范围之内进行，若森林资源的承载力超过了阈值，则其对林业经济会产生不利影响，具体体现在两个方面：生态系统遭到破坏，使其能够为经济活动提供的资源量减少；林业经济没有完整的生态系统作为基础保障，无法可持续发展。因此，当林业经济系统发展所需的资源稀缺时，必须阻止经济系统的扩张，或者提高森林资源承载力，才能维持林业可持续发展。从一般意义上来说，森林资源越丰富的地区，自然资本越容易获得，经济发展得越快，反之则经济发展得越慢。然而，自然资源丰富的地区经济增长的速度往往不及自然资源贫乏的地区，即存在"资源诅咒"现象。徐康宁等（2006）认为，缺乏自然资源的经济体为摆脱资源的束缚，会依靠技术创新和制度创新提高资源利用率，而自然资源丰富的经济体依然停留在传统发展模式，陷入资源依赖型的发展陷阱。因此，由于技术和制度等因素的影响，资源禀赋与经济发展存在不确定的关系，但森林资源依然是林业经济发展的基础保障。

另一方面，林业是为满足社会经济发展对林产品的需求而分化出来的产业部门（谷振宾，2007），因此林业产业发展本身就会给森林资源带来压力。林业经济的发展、人类的生态需求都需要森林资源作为保障，这给森林资源的保护和修复带来了巨大压力。因此，森林资源危机是中国经济发展中面临的重要问题。邵权熙（2008）认为森林资源面临的最大压力来自人口的快速增长：其一，人类从环境中获取的资源量与环境系统的资源再生能力不匹配，造成自然环境的退化和自然资源枯竭；其二，人类在生产过程中排入环境的废弃物超出环境承载容量，使得生态环境遭受严重破坏。除了森林资源的数量外，森林资源的质量也很重要，近年来，受温室效应、雾霾天气等影响，中国森林资源的质量也受到影响。纵观中国森林资源发展史，中国的森林资源供给主要经历了供给充足阶段、供给相对不足阶段和供给绝对不足阶段。在森林资源供给绝对不足阶段之前，制约林业经济发展的主要因素是人类的生产能力，因此需要着力提高将森林资源转换为林业经济生产力的能力。当森林资源供给绝对不足时，林业经济的发展受到森林资源的限制，应以提高森林资源利用率为手段，通过技术进步和管理创新来减轻林业经济增长对森林生态系统的压力。

二、森林资源变动与林业经济发展的互动关系

中国森林在数量和质量上大体经历了破坏、恢复和发展三个阶段。从早期林业发展来看，森林资源与林业经济明显存在着相互制约的关系。林业经济的快速发展，尤其是人口膨胀基础上的林业经济快速发展需要从森林中获得大量的生产要素，进行粗放式生产，由此引起森林资源急剧减少、森林质量显著降低，导致森林资源的消耗水平超过其再生能力水平，而森林资源的缺乏、生态的恶化也反向制约着林业经济的发展。随着对森林资源的优化管理、林业产业结构的合理配置、技术的进步和制度的创新，林业经

济发展对森林资源的依赖性显著降低,经济的快速发展可以对森林资源进行反馈,以提高森林资源数量及质量。因此,森林资源变动与林业经济发展的互动关系随着时间的推移而不断发生变化。近20多年来,中国林业经济增长以及林业产业结构优化的同时,森林资源也在不断发展,林业经济发展与森林生态的发展已有相互协调的迹象。纵观中国森林发展史,中国森林资源在数量上经历了由急剧减少到快速增长的转变,即森林资源数量与林业经济发展存在倒U形关系,由此说明林业经济发展必须达到一定水平后才能反馈森林资源,在此之前的经济增长要以牺牲森林资源为代价。1949年至20世纪70年代末,中国森林资源急剧减少(邵权熙,2008)。根据《中国林业统计年鉴》和《中国林业和草原统计年鉴》的数据,从进行第二次全国森林资源清查,即1981年开始,中国的森林面积连年增长,这进一步说明当前中国森林资源与林业经济的关系已处于倒U形曲线的右侧。目前,中国正处于协调森林资源与林业经济发展的关键时期,既不能重复先发展后治理的老路,也不能因过度保护森林资源而阻碍经济的发展。因此,找出一条森林资源恢复与林业经济发展相适应的道路是林业经济可持续发展的重要方向。

三、森林生态与林业经济的互动关系

(一)森林生态与林业经济的辩证关系

森林生态为林业经济增长提供所需的资源,是其可持续发展的保障;林业经济的增长可以提供森林生态保护的社会环境,使森林生态保护具有现实意义。可见,森林生态与林业经济增长的关系主要为效益方面的辩证关系。因此,对森林生态与林业经济增长关系的研究,可以从森林生态效益与林业经济效益的辩证关系着手。

森林生态效益是指人类对森林资源经营与利用的过程中,对森林原有的生态平衡造成了某种影响进而产生的效应,反映了人类对森林的经营利用同生态环境变化的关系。从哲学的角度来讲,森林生态效益与经济效益之间既存在对立的一面,又存在统一的一面,二者相互依存、相互影响、相互作用。森林资源是林业产业发展的基础。随着社会经济的不断发展及人口规模的不断扩大,一方面,人们对森林资源利用的范围和规模越来越大;另一方面,如果人们对森林培育与管理的意识不强,没有及时植树造林,同时将废弃物大量地排放到生态环境中,那么这些破坏森林自然演替规律的活动会使森林生态系统失去平衡,导致诸多环境问题出现,如水土流失、沙尘暴、洪水泛滥等,由此造成的损失可能远比人类从中获得的经济利益大得多,甚至可能使经济发展停滞不前。从机会成本的角度来看,森林中的每一棵树必然不能同时具备经济效益和生态效益,因为当人类想要获取树木的经济效益时,只能将其砍伐,树木的生态效益随之消失,而如果为了保留树木的生态效益,人类就必须放弃获取其经济效益的机会。但是,如果单纯地追求生态效益而完全放弃经济效益,则不能满足社会的发展要求和人们日益增长的物质需求,不符合当今世界发展的趋势,且没有现实意义。因此,人们在对森林经营利用的过程中往往需要考虑生态效益和经济效益的对立关系,这种对立关系的形成主要是由两种效益的特点不同及人们对环保认识不足等造成的。

在人们对森林资源经营利用的过程中,森林生态效益与经济效益还存在如下关系:一是森林生态效益是经济效益的基础,是经济效益可持续的重要保障。人们只有充分认识并尊重森林自然演替规律,重视生态环境和生态效益,使森林生态系统保持健康、稳定、平衡,森林才能源源不断地为人们提供所需的资源,人们才能充分利用森林生态系统资源,使林业经济不断增长、造福社会。二是森林生态效益若得不到保证,经济效益也不可能持久。森林生态系统如果遭到破坏,就不能持续地为林业产业发展提供资源,即便林业产业发展实现了暂时的经济效益,也不可能持续下去,且实现的经济效益也并非高质量的。三是当森林生态效益与经济效益统一时,森林生态与林业产业经济增长都将达到最优的状态。在社会发展过程中,如果实现了森林生态效益与经济效益的统一,就既可以促进林业产业经济较好较快发展,还可以在此过程中保护好生态环境。

(二)森林生态与林业经济的倒 U 曲线分析

倒 U 曲线即库兹涅茨曲线,是由美国经济学家西蒙·史密斯·库兹涅茨于 1955 年提出来的,用于分析经济发展与收入差距变化的关系,后来被 Panayotou 用于揭示环境质量与人均收入之间的关系,也因此有了环境库兹涅茨曲线。

中国森林生态的破坏状况与林业经济发展情况可以用倒 U 曲线表示,如图 3-1 所示。新中国成立初期,中国经济发展较落后,经济结构不合理,林业产业粗放式经营,对森林资源的利用效率低、破坏大。随着我国人口的不断增长和社会经济的快速发展,森林资源被利用的范围与规模不断扩大,导致森林生态系统遭到严重破坏。这可以用倒 U 曲线的左侧解释。

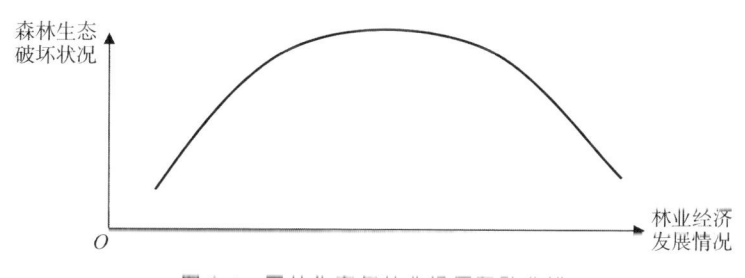

图 3-1 森林生态与林业经济互动曲线

至于倒 U 曲线的峰值何时到达,取决于林业产业的发展模式和增长方式等。随着林业产业结构不断优化,生产方式逐渐得到转变。同时,人们生活的物质水平达到一定程度后便会开始关注生活的质量,因此对森林生态环境保护的认知水平可能会不断提升,林业经济增长对森林生态系统产生的不利影响逐渐减弱,直至不会破坏森林生态系统(倒 U 曲线最下端处于水平状态时),这正符合森林生态-经济系统协同发展的趋势,即既能满足森林生态的平衡要求,也能促进林业产业持续发展。

第二节　森林生态-经济系统协同发展的现实困境

中国林业经济快速发展的同时,产业结构也在不断优化,林业产业总值不断提升。然而,中国森林生态-经济系统的协同发展依然存在现实困境:一是经济增长对森林资源的依赖降低。虽然由于技术的进步和制度的创新,降低了经济增长对森林资源的依赖程度,但目前经济的增长还是不可避免地要消耗自然资源,并向环境中排放废弃物,这对森林资源及森林生态都形成了一定程度的压力,因此追求经济增长对森林生态零破坏的目标依然任重道远。二是森林资源对外依存度高,供需矛盾存在。中国木材以及其他林产品大量依赖进口,但随着世界局势的发展,以及国际关系格局不断的变化,这种依赖具有不稳定、不持续等风险。三是林业产业总体发展仍不成熟。林业已成为国民经济的支柱产业,且有效促进了经济的增长,但基于林业的外部性,林业产业无法或无法完全依靠市场机制配置所需的市场要素,加上缺乏完善的经营制度、缺少社会资本与林业人才等,林业产业存在规模经济效益不显著、产业发展活力不足等问题。四是森林资源存在过度开发情况。森林资源是发展林业产业的基础,一切林业产业活动都离不开森林资源。然而,人类为追求经济利益对森林资源过度开发利用,没有遵循森林生态系统的演替规律,破坏了森林资源自我修复力及森林生态结构和稳定性,使森林失去生态平衡,严重限制了林业产业的发展。五是森林资源退化问题比较严重。受工业和森林旅游业的影响,一些自然保护区遭到严重破坏,森林资源在数量和质量上都明显退化,造成温室效应、水土流失、雾霾天气、山体滑坡、生物多样性减少等问题,严重阻碍了林业产业的持续稳定发展,且森林在生长过程中更容易受到病虫害和自然灾害的影响,也使得人类的生存和生活环境受到严重影响。六是林农参与森林经营的积极性不高。由于森林经营周期长、成本高、基础设施薄弱,林农没有良好的森林经营环境,营林工作、病虫害防治和火灾防治受到影响,林农经营森林的难度加大,这使得林农参加森林经营的积极性不高,林业生产与经济发展受到影响。

第三节 本章小结

协调森林生态和经济系统的关系以达到可持续发展的目标,并谋求森林生态系统与林业经济系统最佳耦合效益,是研究森林生态-经济系统协调发展的出发点和归宿。现代林业是可持续发展的林业,要实现林业可持续发展,就必须协调森林生态和林业经济的关系,且重点是促使森林生态系统的结构和功能相互协调,从而维持生态平衡。本章对森林生态系统与林业经济系统的互动关系进行分析,并提出实现森林生态、林业经济协同发展面临的现实困境,为研究森林生态-经济系统协同发展机理奠定基础。

第四章　基于演化经济学的森林生态-经济系统耦合分析

本章运用演化经济学的思想和方法论,讨论森林生态-经济系统的耦合关系、耦合特征、耦合功能、耦合机制与耦合目标。首先,森林生态系统的结构要素、功能要素、状态、特征等都在演化动力下,随着时间的推移而发生变化,而且生物多样性也会因物种的遗传、变异和选择机制而逐渐发生改变,最终从简单、低级向复杂和高级的方向演进。其次,演化经济学是对新事物的创生、扩散和由此所导致的结构转变进行研究的经济学新范式。创新是经济演化的原动力,林业经济系统的演进要求对技术、制度、管理方式等进行创新,使制约林业产业结构和功能完善的因素发生变异,从而出现推动林业产业结构优化、合理化的新事物。最后,森林生态子系统和林业经济子系统在相互作用的基础上共同演进。虽然演化经济学强调在变迁、演进的过程中会出现偶发、不确定性的因素,但森林生态-经济系统最终会达到相互促进和协调发展的稳定状态。

第一节 森林生态-经济系统的耦合关系

一、森林生态-经济系统的耦合状态

耦合本来是物理学上的概念,表示两个或两个以上的电路元件等通过在输入、输出时相互配合、相互作用而传输能量的一种现象。系统耦合这一名词原本来自物理学,现在不仅被应用于通信工程、机械工程等领域的研究中,还被应用于生态、生物、农业、林业、地理等领域的研究,是指两个系统之间既存在着相通性与相异性,又存在着动态的互动性,且二者具有特定的耦合关系。对于存在耦合关系的系统,人们应该采取相关措施对其进行引导并强化,以促进二者在相互影响、相互作用的过程中更好地激发各自内在的潜能,实现优势互补和共同提升,并一直维持这种良性、正向的趋势发展。从这个意义上来讲,本书中提到的森林生态系统和林业经济系统也具有耦合关系,因此可利用二者之间存在的这种耦合关系来构建森林生态-经济系统。

系统耦合是两个或两个以上系统具有相互融合的趋势,当条件成熟时,可以结合成一个新的、更高一级的系统(任继周,2005)。森林生态-经济系统可持续发展的前提是该耦合系统中各个子系统之间和子系统内部之间的要素、信息和能量能够正常流通。森林生态-经济耦合系统中子系统之间的互动关系主要表现为:第一,森林生态系统为林业经济发展提供森林资源,是林业经济系统的基础。通过信息、技术、劳力、资金等的投入,可以提高森林资源的利用率,在森林资源承载力范围内实现林业经济可持续发展。第二,林业经济系统反哺森林生态系统。森林资源相对于人类需求的稀缺性是林业经济增长的关键制约因素,提高森林资源承载力不仅需要投入资金、劳力等,在短期内还要在一定程度上牺牲林业经济的发展,以减少经济发展对森林生态系统的压力,为提高森林资源数量及质量营造合适的环境。第三,森林生态系统服务功能,体现在森林对人类生产生活产生的直接或间接的影响上(李倩,2020),主要包括涵养水源、保护土壤、固碳释氧、净化空气等,能够为林业经济的发展提供良好环境和资源基础。林业经济系统通过开发森林资源,使其具有社会效益和经济效益,既可以服务社会与人类,又可以反作用于森林生态系统。森林生态-经济系统的耦合机制能够为生态系统和经济系统这两个子系统间有效、良好的运行提供保障,而子系统间良好的耦合状态是森林生态-经济系统可持续发展的基础。森林生态系统和林业经济系统在耦合过程中可能呈正向(积极)耦合,也可能呈负向(消极)耦合:(1)林业经济的快速发展导致森林资源被过量消耗,使得森林生态被严重破坏,此为负向耦合。(2)经济的发展、技术的进步使林业生产对森林资源的依赖度降低,在一定程度上可以对森林生态进行补偿,从而使得森林生态、经济系统能够相互促进、协调发展,此为正向耦合。要促进森林生态-经济系统协同发展,就必须努力促进森林生态系统和林业经济系统实现正向耦合,并对耦合后的子系统的运行进行完善,从而提升森林生态-经济系统耦合质量和耦合水平,实现森林生态系统和林业经济系统的良性循环。

演化经济学是以达尔文主义理论为基础的。达尔文认为,生物是由低级到高级、由简单到复杂、种类由少到多地进化和发展着的。本节将基于这种思想对森林生态-经济系统的状态进行阐述。

系统状态是可以观察和识别的,森林生态-经济耦合系统的状态包括健康、稳定、平衡状态等。正确区分耦合系统的状态,是把握耦合系统的基础,可以更准确地判断系统的状态量,并作进一步分析。系统的状态可以用系统的定量特性来表征,如理想气体系统的状态可以用压强 P、体积 V 等量化概念表征。当为系统的状态量取不同的数值时,可以得到不同的系统状态,这些数值被称为状态变量。在选取耦合系统的状态变量时应注意以下要求：(1)完备性，能有足够多的状态变量对耦合系统的状态、特征等进行描述和划分；(2)独立特殊性，即耦合系统的状态变量不能用其他状态变量替代。

在一定的范围内，状态变量随着时间的变化而发生变化的系统称为动态系统，反之则为静态系统。由于森林的特性和林业经济发展是不断变化的，森林生态-经济系统可以被定性为动态系统，具有随着时间的变化而变化的特征。

森林生态-经济系统的耦合状态如图 4-1 所示。

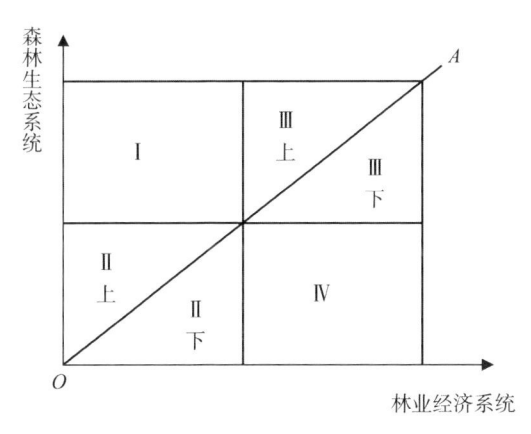

图 4-1　森林生态-经济系统的耦合状态

在图 4-1 中，林业经济系统和森林生态系统不同的数值表示不同的发展状态，OA 为绝对耦合线。图中的平面直角坐标轴被划分四个区域：Ⅰ区域表示林业经济滞后区，Ⅳ区域表示森林生态滞后区，这两个区域合称为绝对不耦合区域。Ⅱ区域表示森林生态系统和林业经济系统低级阶段相对不耦合区域，其中：Ⅱ上区域表示低级阶段的林业经济发展相对滞后区域，Ⅱ下区域表示低级阶段的森林生态发展相对滞后区域。Ⅲ区域表示森林生态系统和林业经济系统高级阶段相对不耦合区域，其中：Ⅲ上区域表示高级阶段的林业经济发展相对滞后区域，Ⅲ下区域表示高级阶段的森林生态发展相对滞后区域。Ⅱ区域和Ⅲ区域合称为相对不耦合区域。可见，森林生态-经济系统的耦合状态存在绝对不耦合状态与相对不耦合状态。

二、森林生态-经济系统的耦合演化

系统的结构、特征、功能等都具有演化的特性,因此,在足够长的时间内,系统都处于演化的过程中,只是不同阶段演化的速度不一样而已。森林本身具有自然演替规律,随着时间的推移,森林生态系统会发生改变。同样的,随着林业产业结构、发展方式等的改变,林业经济系统也会发生变化。因此,在研究森林生态-经济耦合系统时,必须把握森林生态系统的演替规律与林业经济系统的演化方向,以实现二者的充分耦合。

森林生态-经济系统的演化动力包括耦合系统内部动力和外部动力。从耦合系统内部动力来看,随着时间的推移,森林在自然演替规律的作用下不断生长,同时,人们对森林不断投入多种生产要素来经营管理,基于自身的各种需求对森林资源加以利用,促使森林生态系统的结构、状态等发生变化;林业经济系统在社会生产力、总体生活水平、经济发展方式与模式的影响下,也处于演化过程中。总的来说,森林生态-经济耦合系统的演化情况取决于森林生态系统和林业经济系统在相互作用过程中的演化情况。

系统演化的基本方向主要有进化方向和退化方向:进化是从简单到复杂、从低级到高级,退化是从复杂到简单、从高级到低级。从我国森林资源与林业经济发展的实际情况来看,我国森林生态-经济系统正从低级、简单的形态逐步向高级、复杂的形态进化,这从前文关于倒 U 曲线的分析也可以看出。

根据上述分析及相关文献的研究成果,本书将森林生态-经济系统的演化过程分为四个阶段,具体见图 4-2。

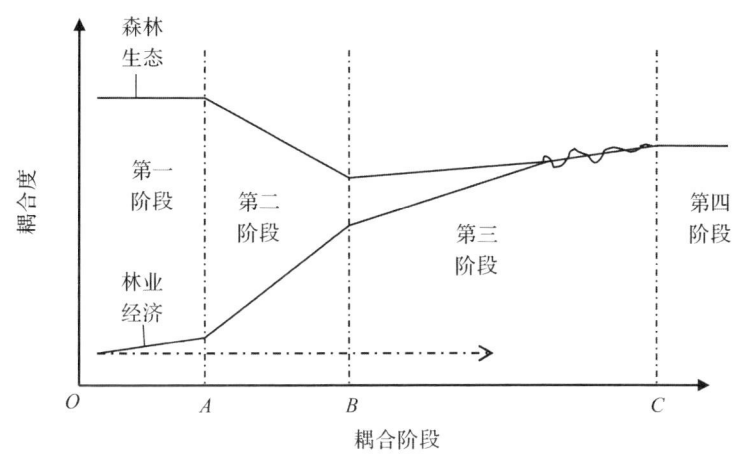

图 4-2 森林生态-经济耦合系统的演化过程

(1)低水平耦合阶段,即图 4-2 中的 OA 段。这个阶段一般是在经济社会发展初期,生产力落后,林业产业发展水平低下,对森林资源利用能力不高,森林以自然演替为主,即使经济发展对森林生态环境造成一定的破坏,环境也可以通过自身的自净能力来恢复。

(2)拮抗耦合阶段,即图 4-2 中的 AB 段。这一阶段往往是林业产业加速发展阶段,林业生产力快速提高,并越过前阶段的发展拐点。此时,林业经济的快速发展对森林生态造成的压力明显加大,并且对森林生态环境的恢复造成潜在的威胁,同时,森林生态系统有限的承载力对林业经济发展也形成了一定的限制。因此,这个阶段中,森林生态系统和林业经济系统存在较强的拮抗作用。

(3)磨合耦合阶段,即图 4-2 中的 BC 段。林业经济的发展受到生态环境的制约后,速度开始变慢,林业生产结构逐渐优化,生态环境所受到的压力开始逼近或者已经超过森林生态阈值(BC 段的螺旋曲线即表示此含义)。同时,人类的环保意识逐渐加强,林业经济发展和森林生态环境保护之间的矛盾在生态阈值附近来回波动,并趋于稳定。

(4)高水平耦合阶段,即图中从 C 点往右的部分。森林生态系统与林业经济系统不断磨合后,林业产业结构逐步优化,生产力达到较高水平,森林生态基本得到恢复,社会经济水平较高,人类的环保意识很强。此时,森林生态系统和林业经济系统的矛盾基本消除,已形成互相促进、互相协调的有机统一体,并且目标趋于一致。

三、森林生态-经济系统的耦合过程分析

森林生态-经济系统随着时间的推移发生的变化较显著,且耦合系统的运行、功能发挥等都是作为过程进行的,所以耦合系统可以作为过程来研究。过程有自己的结构,可以将过程不断分解为若干小过程,然后再对小过程逐个优化,最终达到优化整个过程的目的。

如图4-3所示,林业经济系统对森林生态系统的干扰,可以分为三种情况:(1)林业经济系统对森林生态系统干扰过程的强度相对于森林生态系统的承载力来说非常小,可以忽略不计,比如耦合系统演化的第一个阶段中,森林生态系统通过自身的修复回到原来的状态,并达到原始的平衡状态。(2)林业经济系统对森林生态系统干扰被同化的过程,由于林业经济系统与森林生态系统在结构要素和功能要素上相互促进、协调发展,林业经济和森林生态都演化到较高的水平,二者所产生的效益之和大于它们各自效益的简单相加,如森林生态-经济系统演化的第四阶段,此时系统演化的过程保持在近平衡状态。(3)林业经济系统对森林生态系统的干扰使系统有一个涨落的过程,比如森林生态-经济系统的第二阶段和第三阶段,在此过程中,如果不对系统进行改善或修复,而使过程持续下去,那么系统会逐渐不再平衡,最终会走向衰退,甚至会消失,生态效益会减少。涨落是热力学中的一个概念,当系统的运动与平衡态形成一定程度的偏差时就是涨落,它偶尔是杂乱无章的,处于一个不断变化的过程中。

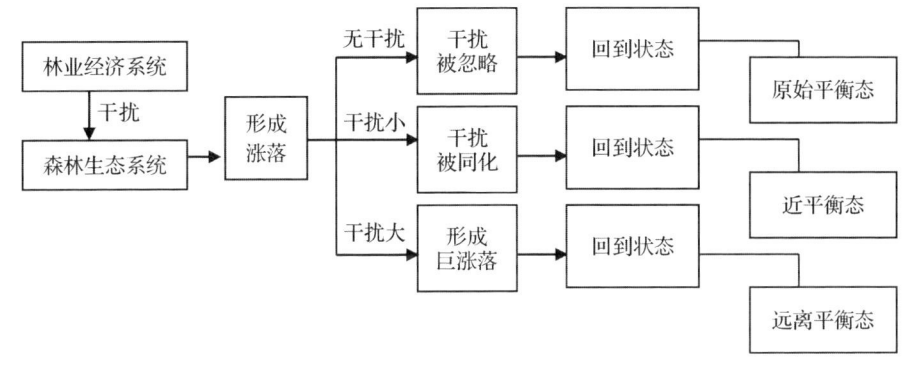

图 4-3 森林生态-经济系统耦合过程机制

第二节 森林生态-经济系统的耦合特征

演化经济学是用动态、演化的方法看待经济发展、技术和制度变迁等过程的,强调创新。本节以达尔文主义为理论基础,结合演化经济学的认知论和特征,对森林生态-经济系统的特征进行阐述。

1.双重性

在生物链中,一些物种同时拥有不同的身份,既是捕食者也是被捕食者。由于组成大系统的各子系统具有相互联系、相互作用的关系,因此大系统往往"身兼多职"。因为森林生态-经济系统是森林生态系统与林业经济系统的复合体,所以该耦合系统在目标、效益、平衡、规律等方面均具有双重性的特点,如森林生态目标和林业经济目标、森林生态效益和林业经济效益、森林生态平衡和林业经济平衡、森林生态规律和林业经济规律等。如果牺牲其中一方面而追求另一方面,必然不能维持二者的协调发展,因此必须保持双重性的平衡,实现二者的共存共进。

2.整体性

生物群落是由许多物种组成的,脱离群体的物种终究会被自然所淘汰,就像脱离种群的个体无法生存一样。作为整体的群落及组成群落的各种群之间,通过互利共生、竞争、捕食、寄生等关系及与环境的作用下所经历的遗传、变异和自然选择,个体是无法完成的,这体现了整体效应。基于演化经济学的思想,森林-生态经济系统不是由森林生态系统和林业经济系统简单相加生成的,而是二者耦合形成的一个具有整体结构和功能的有机体,相应的耦合效益大于二者独立相加的效益。

森林生态系统与林业经济系统互相依存、互相作用,对立又统一。森林生态是林业经济发展的基础,林业经济的发展反过来又可以为森林生态建设提供资金和技术等的支持。没有森林生态就不会有林业经济,而没有林业经济的发展,森林生态建设又将得不到保证,森林生态保护也将失去现实意义。如果说森林生态好比肌体,那林业经济就好比血液,二者之间存在有机联系。因此,整体性是森林生态-经济系统的最基本特征。森林生态系统与林业经济系统融合为一个整体,成为森林生态-经济系统,可以使森林生态转化为现实林业生产力,并使林业产业稳定、有序地发展。相比两个独立的系统,森林生态-经济系统既遵循林业经济发展的规律,又尊重森林自然演替规律。

3.可持续性

达尔文主义进化论中的"优胜劣汰,适者生存"观点认为,不断的自然选择,使得不适应环境的物种淘汰,而那些经过变异后具有适应环境能力的物种将生存下来,基因得以保留下来,从而保证生物的可持续性。从这个意义上来说,森林生态-经济系统通过与社会和环境的不断互动,也不断发生变化,从而实现可持续性。

森林生态以森林资源为载体,当林业产业粗放式经营时,森林被大规模破坏,导致森林生态不能持续为林业产业的发展提供资源,生态效益和经济效益都不能维持。只有使森林生态系统和林业经济系统融合为一个整体,才能实现经济效益和生态效益的可持续性。这是因为森林生态-经济系统的内部具有自我反馈和自我调节的机制,森林生态的反馈机制和林业产业的反馈机制相互融合为一个机制,既满足森林生态健康、稳定发展的需要,也符合林业产业可持续发展的需要,使得耦合系统可以抵御内外部环境的干扰、维持平衡,从而实现森林生态系统与林业经济系统的良性循环。

4.社会性

随着社会生活水平的不断提升,人们的需求不断发生变化,特别是近些年来环境污染问题凸显,人们越来越认识到生态环境保护的重要性,政府部门及相关组织也不断采取相应的措施来解决环境问题。党的十八大明确了生态文明建设的总体要求,首次提出"建设美丽中国",并将生态文明建设纳入中国特色社会主义事业"五位一体"总体布局。党的二十大报告指出,中国式现代化是人与自然和谐共生的现代化。可见,生态文明建设意义重大。而森林是生态系统的主要载体,因此,必须保护森林生态环境,使其保持健康、稳定的状态。

森林生态经济耦合是促进森林生态保护和林业产业持续发展的现代林业发展模式,它的动力来自生产力的提高,人们环保意识的增强以及对优良生态环境和优质林产品等的迫切需求,整个社会为森林资源的培育、保护、经营、利用提供的诸多支持。例如,人们广泛参与植树造林等环保活动,不仅可以满足其对生态建设的需求,也可以满足其对各种林产品的需求,这种需求能持续得到满足,体现了森林生态-经济耦合系统的社会性特征。

5.互动性

互动往往表示人的心理交感和行为交往的过程,是一种普遍、基本的现象。互动可以根据过程和结构进行分解。美国芝加哥学派的R.E.帕克和E.W.伯吉斯按照过程将互动分解为竞争、冲突、顺应、同化四个阶段,森林生态系统和林业经济系统之间的互动与此相吻合。

演化经济学强调创新是经济和技术变迁的核心。在林业生产经营过程中，林产品的市场供求、产业部门之间的合作竞争关系以及生态环境的制约都可视为互动，这些互动使得技术、制度、管理模式等实现演化和创新。

森林生态-经济系统的互动性（见图4-5）主要包括三个层面：第一，森林生态与社会的互动。森林为人类社会提供了生存和生活必不可少的森林生态环境。人类对森林生态的经济利用行为会造成森林生态的破坏，当人类意识到生态环境被破坏会带来损失时，就会加强生态环境保护，比如植树造林等，这使得森林生态系统会逐渐恢复，又可以重新为人类提供所需的生态环境。第二，林业经济与社会的互动。林业经济各相关企业部门生产的林产品满足人们的生活需求。当供大于求时，生产会减少，反之则会增多。通过这种互动，可以达到调节林业产业发展规模和满足社会需求的目的。第三，森林生态与林业经济的互动。森林生态是林业经济发展的基础和前提，二者通过互动相互作用、相互影响，从而促进森林生态和林业经济协调、持续发展。

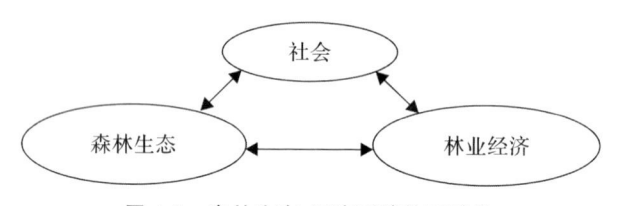

图4-5 森林生态-经济系统的互动性

6.动态演替性

森林生态-经济系统演替是森林生态系统与林业经济系统演替的统一。森林生态系统演替是以森林自然演替为基础的，而林业经济系统演替是通过林业产业结构不断优化以及林业生产力、社会经济水平的不断提高来实现的。而且，上述演替与人们对森林生态环境的认识水平和社会发展水平是密切相关的。

第三节 森林生态-经济系统的耦合功能

一、物质循环

物质周而复始的运动称为物质循环,即物流。物质循环的结果是物质在一个系统内以某种形态消散,而在另一个系统内以某种形态出现,从而在不同系统中被反复利用,只是形态发生变化而已。森林资源作为一种物质,被人们利用后,在森林生态系统中消失,但在林业经济系统中又以各种林产品的形式出现,经过人类消费后,最终被分解回归到生态系统中。

森林生态-经济系统的物质循环是森林生态系统和林业经济系统有机组合的一个整体的物质循环。

森林生态系统的物质循环是森林生态内部各元素相互作用形成的物质循环运动,由生产者、消费者、分解者和环境等参与。森林中的绿色植物从环境中获取物质,沿着生物链流动,最终被分解回归到大自然,供绿色植物再次吸收利用,这样循环往复,使森林生态系统持续运行。

林业经济系统的物质循环是人类对森林生态的物质循环进行经济活动干预和利用而引起的物质循环。森林资源通过林业生产、交换、分配和消费等环节,在林业产业及各相关经济部门间流动,在经过消费后成为废弃物,被分解到生态系统中再次参与物质循环。

二、能量流动

森林生态-经济系统的能量流动是指森林生态-经济系统的能量从森林

生态系统流动到林业经济系统。这种能量流动是物质循环的有机组成部分，具有动能和潜能之分，前者是正在做功的能量，后者是具有做功的潜能，二者可以相互转化。森林生态-经济系统的能量流动可以分为如下两部分。

一是森林生态系统的能量流动。在森林生态系统的能量流动过程中，主要通过植物的光合作用进行能量的传递与转化，把太阳能转化为化学能储存在植物中，即化学潜能，然后在生物链及生物与环境的作用中进行传递与转化。

二是林业经济系统的能量流动。如果森林生态系统的能量流动被人类在林业经济系统中加以利用开发，就可以称为林业经济系统的能量流动。它按照人们经济活动的目的，在各种渠道中传递和转化，以满足人们的各种需要。

通过森林生态系统能量流动和林业经济系统能量流动的有机结合、不断转化，森林生态-经济系统的能量流动才得以维持。

三、信息传递

信息具有真实性、无限性、共享性、时效性、系统性、存储型、传递性和可加工性等特征。信息传递在森林生态-经济系统中具有重要作用。首先，信息传递是森林生态-经济系统的重要特征。在森林生态-经济系统中，森林生态系统和林业经济系统之间相互联系，成为有机的整体，它们之间进行物质循环和能量流动的同时，也存在大量的信息传递，这体现了耦合系统内在的联系以及相互作用的规律和特点。其次，林业经济活动也是一种信息运动。有经济活动，在客观上就存在信息运动。信息流是森林生态-经济系统的"神经系统"，当没有或较少信息量时，林业生产活动就会失控，使得林业经济系统与森林生态系统的耦合受影响。最后，信息传递管理是森林生态-经济系统管理的关键，是森林生态-经济系统宏观管理的基础。

四、价值流动

人类对森林资源经营利用的过程,也是森林生态和林业经济相互作用的过程。在这一过程中,人类为了实现自己劳动的目的,将森林生态的物流和能流转化为林业经济的物流和能流,价值沿着生产链不断形成、增值、转移。在森林生态系统与林业经济系统发展不平衡、不协调时,其价值不能得到合理、有效的利用,只有在二者达到耦合状态时,价值才会最大化,并可以保持持续、稳定的流动。

第四节 森林生态-经济系统的耦合机制

机制的本义是指机器的构造及其动作原理,可以从机器的构成部分和由这些部分构成的原因、机器如何工作和这样工作的原因来解读。后来,机制被引申到很多领域,但一般可以从事物各部分之间相互协调的关系来理解。森林生态-经济耦合机制可用来解释耦合系统形成及耦合系统各部分相互协调的原因,主要包括协同机制、激励约束机制、市场调节机制、创新机制等。

一、协同机制

在自然界的复杂系统中,各物种比例保持着相对稳定的状态,它们通过"遗传—变异—选择"不断地发生演化,在此过程中,如果某子系统或某物种出现突变,将会影响其他子系统或者物种,甚至会使其他子系统或物种崩溃或消失,因此,必须从整体上保持相对协调的演化。对于森林生态-经济系统来说，协同作用是耦合系统自身所拥有的自组织能力，是系统内部存在的一种向有序结构运动的驱动力。在协同作用下，森林生态-经济系统从无序走向有序；森林生态系统和林业经济系统既存在独立、自发的运动，又存在着相互作用、相互影响的关系。如果森林生态系统和林业经济系统的运动独立、无规则，将使整个耦合系统不能持续运行；如果在协同作用下，系统内部各要素走向有序、稳定的状态，则会促进森林生态系统和林业经济系统的融合。

系统在协同作用下可以产生协同效应，使各子系统产生的效应形成一个整体，超越各子系统独立的作用。森林生态-经济系统的协同机制表现在调整各子系统独立运行的方式，使各子系统不破坏或干扰与之相联系的子系统，驱使森林生态系统与林业经济系统相互配合、相互协调，从而促进耦合系统的有序运动。

二、激励约束机制

环境是演化的诱导者、决定者，而人的活动又是环境的主要影响因素，因此，可以通过激励与约束机制来改变人的行为活动，从而影响环境，促使其演化。

对于森林生态-经济系统来说，激励约束机制是相关主体为促进森林生态和林业经济相互协调、有序运动、持续发展，形成有机融合的整体，采取政策措施加以激励，并在一定的范围内约束的机制。激励约束机制一般包括主体、客体、目标、方法、环境等五个要素。森林生态-经济系统激励约束机制的主体为政府部门、社团组织等，其采取具体政策措施，是激励约束的行为人；客体为与林业经济利益相关的部门、家庭或者个人等，这些人是被激励约束的对象，为获取自身利益，他们可能会有阻碍森林生态经济的耦合；目标是促进森林生态与林业经济有效融合成有机整体，在森林生态保持健康、稳定、平衡的基础上促进林业产业可持续发展;方法主要有产权制度、生态补偿、采伐限额等政策措施;环境主要包括森林经营管理理念、林业产业发展模式、社会生产力水平及人们的生态需求水平等。

因为森林具有双重性质,所以要想同时兼顾生态与经济效益,就必须有完善的激励约束机制来保证森林生态系统与林业经济系统协调、持续发展。比如,用产权制度明确林农的林权,提高其经营森林的积极性,但是为了避免森林生态遭到破坏,也要相应建立生态补偿制度和采伐限额制度来激励和约束。

三、市场调节机制

市场可以依靠供求关系的变化来调节经济的运行,从而在各个部门间对资源进行重新配置。供求关系变化最主要的影响因素是价格,价格可分为历史价格和未来价格,未来的价格需要进行预测,而预测其的参照物就主要包括历史价格等。因此,可以运用演化经济学中路径依赖的规律进行分析,因为演化经济学特别强调时间和历史的重要地位。当商品供不应求时,其价格会上涨,反之则下降。同样的,当人们对于林产品的需求增加但林业相关企业又不能及时提供足够的产品时,林产品价格就会增加,此时,相关利益者会为谋求利润而加入市场,同时会加大对森林资源的利用,这就导致森林生态可能被破坏。

因此,应充分利用市场调节的作用,促进其他可替代生产要素流入。同时,林业相关企业要根据森林生态实际生产力生产人们所需的产品:当林产品需求不旺盛时,可以根据市场的需求生产,从而增加生态效益;当林产品需求旺盛时,在保证不过度利用森林资源的基础上,用提升价格或者生产可替代品的手段保证森林生态环境的平衡。主要做法有:(1)培育利益相关者为市场主体,加强他们的观念和意识,提高他们对市场信息认知的灵敏度和适应能力。(2)健全森林资源管理利用体系：一是以市场为导向，因地制宜地进行经营开发；二是实行森林认证，促进森林可持续经营管理。

四、创新机制

演化经济学强调创新和对创新的模仿在经济演化中的作用。熊彼特提出了创新理论，并把创新和产业的演化关系作为研究的核心主题，强调创新在产业演化中的核心作用，运用演化的、动态的方式来分析经济过程。阿尔钦将进化论中的遗传—突变—自然选择，与经济演化机制中的模仿—创新—赢利相对应。经济演化的原动力来自变异或者新奇事物的出现，这会改变原有的惯例，具体表现为技术、制度、管理模式等的创新。

随着人们对生态环境保护的意识逐渐增强，以及对林产品需求的不断增加，为适应现代林业生产力的发展，必须提升创新能力，建立创新机制，保持森林生态-经济耦合系统的活力和生机，促进森林生态-经济耦合系统的演进。创新机制是指对森林生态-经济耦合系统的内部结构、运行方式及耦合系统与外部环境的互动关系等进行改造与变革的机制，具体包括：首先，在森林生态建设方面进行创新，如森林经营管理等方面；其次，在林业产业生产上创新，主要包括生产模式、技术、经营管理理念等方面的创新；最后，在森林生态与林业产业协调、配合上的创新，应结合实际情况，创造一种适合二者相互促进、共同发展的模式，使其融合为有机的整体。如果按照传统的方式，不改变认知，是不可能实现森林生态-经济系统耦合的，所以，必须依靠创新机制，构建能够适应新发展需求的新制度、新技术、新模式等。

第五节　森林生态-经济系统的耦合目标

从达尔文的进化论可知，生物基因总是朝着有利于自身生存的方向演化。同样的，森林生态-经济系统也是朝着有利于系统自身发展的方向演化，即从低级、简单到高级、复杂，或者从不合理到合理。可见，森林生态-经济系统的演化目标是采取以森林生态为基础和前提的林业产业发展战略，以促进森林生态与林业产业协调、稳定、持续发展的一种新的林业发展模式。森林生态子系统的演化方向是森林生态平衡、森林向顶极群落演进，林业经济子系统的演化方向为林业经济平衡；耦合系统总体演化方向为森林生态经济平衡，具体耦合目标主要包括森林生态平衡、森林向顶极群落演进、林业经济平衡、森林生态经济平衡等。

一、森林生态平衡

森林生态平衡是指在一定的时间内，森林生态系统内部的生产者、消费者、分解者和非生物环境之间在物质与能量流动的过程中，始终保持动态的相对稳定状态，包括结构、功能和流动过程中数量的平衡。这一概念表明：第一，森林生物群落的组成和数量比例及非生物环境都保持相对稳定；第二，森林生态经历从简单、低级到复杂、高级的演化过程，在这个过程中，森林生态一直保持相对平衡，只是系统内的有效空间和环境资源被更大、更有效地利用；第三，森林生态系统总是向生物多样性、结构复杂化、功能完善化的方向演进，旧的平衡不断被打破，新的平衡重新建立，直到达到最成熟、稳定的状态，因此，森林生态系统是动态的。森林生态平衡是森林生态系统和经济系统耦合的基础和前提，从这个意义上来讲，森林生态-经济系统必须在结构、功能以及物质和能量的输入和输出上保持平衡。

二、森林向顶极群落演替

顶极群落是生态演替的最终阶段,是最稳定、最成熟的群落阶段。这种群落的结构复杂、层次较多,能有效地将空间填满,能最合理、最有效、最充分地利用周围的环境资源。

根据前文对森林演化过程的分析可知,由于森林具有开放性,随着时间的推移,森林群落的结构、功能和环境等都会向一定的方向有序地演替,最终必然会成为顶极群落。森林成为顶极群落后,可以最充分地发挥生态效益,持续地满足人们对生态的需求,同时,还可以为林业产业的发展提供源源不断的资源,促进林业经济持续增长。因此,森林向顶极群落演替,既是森林生态-经济系统协同发展的既定目标,也是必然趋势。

三、林业经济平衡

在经济学中,经济平衡一般指商品在市场供求的数量相等时的价格。从国民经济的角度来看,经济平衡是国民经济的总供给和总需求达到一种平衡的状态,林业经济平衡是林业经济的供需达到的一种平衡状态。而林业经济的生产要素又离不开森林资源,所以在林业经济处于平衡状态时,不仅可以满足人们对林产品的需求,带动大量就业,还可以为维持森林生态平衡提供确定的方向。林业经济平衡对于森林生态经济耦合具有现实意义,它可以最充分、最有效地利用森林资源,并使资源在林业各相关部门中实现最合理的配置,同时也是林业产业发展的最终方向。

四、森林生态经济平衡

森林生态经济平衡是指以森林生态平衡为前提和基础,在保持森林生态平衡条件下的林业经济平衡。它是森林生态和林业经济相互作用、相互协调、相互渗透、有机结合所形成的一种对立统一的平衡状态;特点是生态目标和经济目标的对立统一;最优化目标一般为在实现或改善森林生态平衡的同时,更好地实现林业产业发展的目标。可以用一个坐标轴来表示这一理想的最优化目标,如图4-6所示。

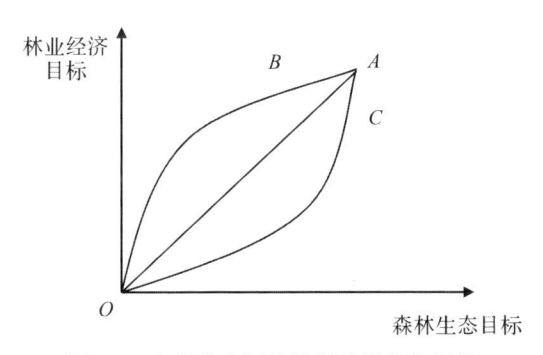

图 4-6 森林生态经济平衡的最优化目标

图 4-6 中:OA 表示森林生态目标和林业经济目标保持同一性的趋势曲线,也就是说,随着时间的不断推移,森林生态目标和林业经济目标在森林生态-经济系统中始终保持正相关性。但是,在现实的经济生活中,这两个目标并不是经常、必然地趋于一致,有时甚至会朝着相反的方向运动,即森林生态经济失去平衡。OB 曲线和 OC 曲线表示森林生态目标和林业经济目标相偏离的过程。其中,OB 曲线表示更注重森林生态目标的实现,OC 曲线表示更注重林业经济目标的实现。耦合系统处于不同的演化阶段时,这两种目标的取向可能不一致,但是,从长远来看,这两种目标还是统一的,最终会在某一点交会,如图 4-6 中三条线的相交点。森林生态经济平衡主要包

括森林生态系统和林业经济系统结构和功能上的平衡,以及相互协调、渗透的关系。因此,森林生态经济平衡是森林生态经济的一个重要标志,也是森林生态-经济耦合系统运行的重要目标。

第六节 本章小结

本章运用演化经济学的思想和方法论,阐述森林生态-经济耦合系统的耦合特征、耦合功能、耦合机制和耦合目标(见图4-7)。本章将演化经济学中的动态、演化、创新等特征以及达尔文理论运用到森林生态-经济耦合系统的分析中,认为:森林生态-经济耦合系统的结构要素、功能要素、状态、特征等,都在演化动力下随着时间的推移而发生变化;通过对技术、制度、理念和模式等进行创新,可以使原有的惯例发生遗传、变异和自然选择,最终在耦合协同机制下,使森林生态子系统与林业经济子系统相互促进和相互协调,并达到森林生态经济平衡状态,实现森林生态和林业经济的可持续发展。

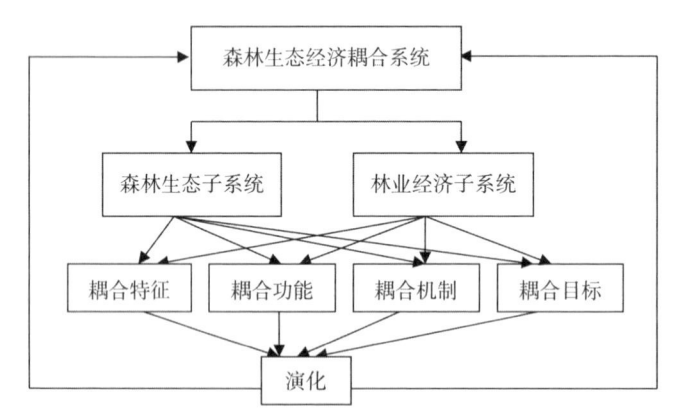

图4-7 森林生态-经济耦合系统的耦合分析

第五章　基于自主治理理论的森林生态-经济系统协同发展机理分析

森林既是重要的生态屏障,也是国民经济重要的基础产业(张建国,2002)。森林生态-经济系统协同发展才能保证林业产业的可持续发展,而林业产业可持续发展又能为全面推进乡村振兴夯实产业兴旺这一重要根基。中国的林业发展经历了从追求经济目标的传统林业阶段,到注重环境保护的同时兼顾经济发展的现代林业阶段。林业发展的实质在于不断解决森林资源治理问题,而要解决这一问题离不开处理人类与生态的互动关系,其中牵涉到对森林生态与林业经济协同发展机理的分析。因此,本章在前文的基础上对森林生态-经济系统的关键变量及机理进行识别和揭示。

森林生态-经济系统的协同是指森林生态-经济系统在保持其健康和稳定状态的前提下,持续最大化产出经济产品和生态产品。如果把组织和人的因素考虑进去,森林生态-经济系统也是一个社会-生态系统,而这个系统治理的目标就是系统的协同发展。具有共同使用权的集体林具有公共池塘资源的属性,因此,本章以具有共同使用权的集体林为研究对象,结合中国林业发展状况,引入 SES 分析框架,分析森林生态-经济系统中的子系统之间的互动机理,对子系统下的二级变量以及影响系统自主治理的相关变量进行考察和解释。

第一节　森林生态-经济系统协同发展分析框架的构建

在社会、政治和经济背景下，森林生态系统与林业经济系统的互动，本质上是森林资源系统、森林资源单位、治理系统和行动者这4个一级子系统之间的相互作用，最终实现森林生态系统的生态效益、社会效益、经济效益和治理效益。同时，森林生态-经济系统的生态效益、社会效益、经济效益和治理效益会正向或负向地反作用于上述4个一级子系统，从而形成相互作用的循环结构。此即森林-生态经济系统的分析框架，见图5-1。

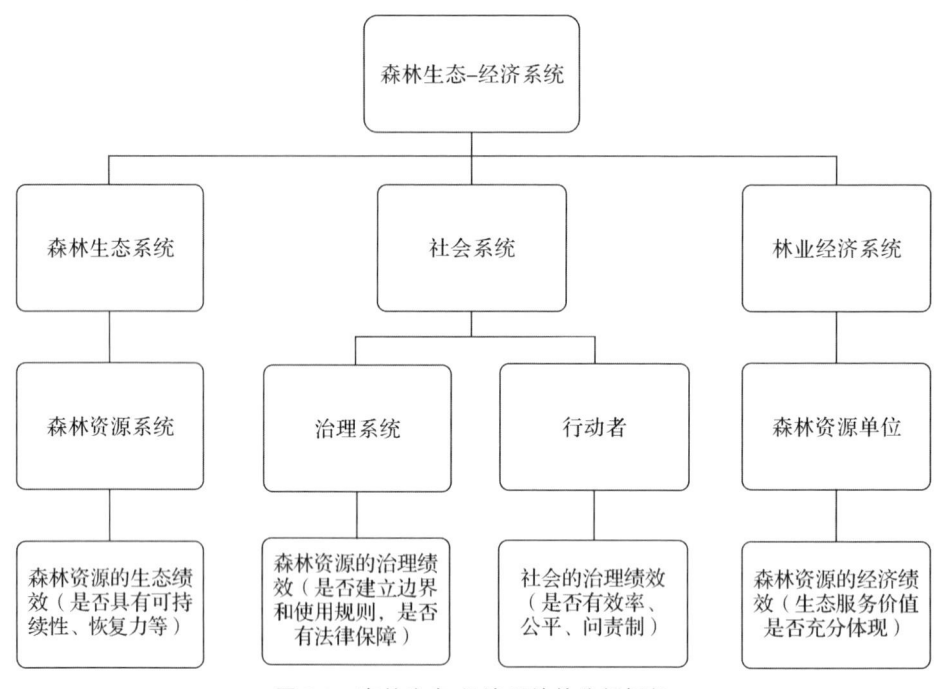

图5-1　森林生态-经济系统的分析框架

在森林生态-经济系统中：森林资源系统是一个森林生态系统的存储变量；森林资源单位是行动者从森林资源系统中所占用的量；行动者是指那些

特定的提取森林资源的法律权利人,也指从森林资源系统中提取森林资源单位的参与人;治理系统是指政府组织或非政府组织制定的森林资源经营与管理的相关规则。行动者不仅可以使用或消耗自己所提取的森林资源单位,也可通过使用森林资源单位进行生产性投入,从而获取经济效益。行动者在占有和利用森林资源的过程中,基于合理的条件,能使流量最大化而又不损害存量或森林资源系统本身。通过存量和流量,可以确定森林资源的补充率。人类对森林生态系统的平均提取率不超过平均补充率时,森林生态系统的可再生资源才具备可持续性。行动者通过从森林资源系统中获取森林资源单位从而获取经济效益,在此过程中可能会破坏森林资源系统,因此,治理系统的意义体现出来:解决制度供给、承诺和监督的问题。

第二节 森林生态-经济系统协同发展一级子系统和二级变量分析

一、影响森林生态-经济系统协同发展的一级子系统运行机理

森林生态-经济系统是一种以自然力为演变基础要素,又受人为经营干预的自然资源生态系统(张静 等,2010),由森林生态系统、林业经济系统和社会系统三个一级子系统构成,各一级子系统之间相互独立,又相互作用、相互渗透。森林生态-经济系统协同发展是指在森林生态系统承载能力范围内,科学、高效地利用森林的多种功能,使森林资源为人们提供生产和生活所需要的产品和服务,最大程度地实现森林资源的经济价值,维持森林生态与林业经济协调发展(曹堪宏 等,2010)。作为一个特殊的复合系统,森林生态-经济系统蕴藏着复杂繁多的系统之间和系统内部的循环方式和途径(吴玉鸣 等,2008),其动态耦合过程既受自然规律的制约,又受经济和社会规律

的制约。

二、影响森林生态-经济系统协同发展的二级变量分析

SES 分析框架的重要贡献在于提出影响社会-生态系统可持续发展的重要因素(张建龙 等,2018)。本书基于 SES 分析框架子系统的二级变量,结合中国集体林区的特征,提出森林生态-经济系统框架的一级子系统和二级变量(见表 5-1)。

表 5-1 森林生态-经济系统的一级子系统和二级变量

一级子系统	符号	二级变量	符号
社会、经济与政治背景	S	经济发展程度	S1
		人口变化趋势	S2
		政治稳定程度	S3
		政府资源政策	S4
		市场激励作用	S5
		媒体组织	S6
森林资源系统	RS	资源类型(如天然林、人工林)	RS1
		清晰的系统边界(林地边界的界定)	RS2
		森林资源系统的规模(森林面积等)*	RS3
		基础设施(通水、通电、通路和房屋)	RS4
		森林生产系统(森林自然生产力、林业经济生产力)*	RS5
		自我保持平衡的能力	RS6
		系统动态变化的可预测性*	RS7
		资源储存特征	RS8
		位置分布	RS9

续表

一级子系统	符号	二级变量	符号
森林资源单位	RU	资源单位的流动性*	RU1
		增长与更新率(科学采伐与更新方式,合理的树种及树龄结构)	RU2
		资源单位间的相互作用	RU3
		经济价值(林业资源价值)	RU4
		资源单位的数量	RU5
		明显的标记	RU6
		时空分布(森林资源的时间和空间分布)	RU7
治理系统	GS	政府组织(管理部门)	GS1
		非政府组织(林业经营组织和林业保护组织)	GS2
		网络结构(垂直治理结构)	GS3
		产权系统(集体所有权、个人所有权)	GS4
		操作规则(森林资源行动者的行为)	GS5
		集体选择规则(积极检查、监督森林资源状况和行动者行为)*	GS6
		法律规则(制裁程度取决于违规的内容和严重性)	GS7
		解决冲突机制(权衡冲突解决的成本和受益)	GS8
行动者	A	森林经营或保护的用户数*	A1
		行动者的社会经济属性	A2
		资源使用历史	A3
		行动者和资源的地理位置关系	A4
		领导力/企业家精神*	A5
		社会规范/社会资本*	A6
		SES 的知识/思维方式*	A7
		行动者对森林资源依赖的程度(高、中、低)*	A8
		所使用的森林经营技术(遗传育种、栽培等技术的研发与支持)	A9

续表

一级子系统	符号	二级变量	符号
相互作用	I	资源收获水平	I1
		信息分享情况	I2
		商议过程	I3
		冲突情况(林权、系统边界和林木纠纷)	I4
		投资活动(林业投资处于较低水平)	I5
		游说活动	I6
		自组织活动	I7
		网络架构活动	I8
结果	O	社会绩效评估(如效率、公平、问责制、可持续性等)	O1
		生态绩效评估(过度林木采伐、可恢复性、生物多样性)	O2
		经济绩效评估(林业经济收入、可持续性)	O3
		治理绩效评估(是否有冲突)	O4
外部关联的生态系统	ECO	气候条件	ECO1
		污染情况	ECO2
		社会-生态系统的能量流和信息流	ECO3

说明:带*的变量为与自主治理有关的次级变量。

森林资源类型包括天然林、人工林。其中:天然林以保护为主,其积极保护离不开森林经营,经营目的在于提高林分质量。人工林全面推向市场,其经营者自负盈亏,但目前大部分人工林的经营方式为粗放式经营,经营者需要政策扶持和技术指导。自推行新一轮集体林权制度改革以来,我国仍存在部分林地产权界限尚不明晰、缺乏解决冲突的机制等问题,这些问题引起林权纠纷,导致森林经营行动者难以对市场需求变化作出理性反应。在集体林权制度改革以及配套政策支持下,共有产权集体林的经营权被激活,一些新型林业经营组织也随之产生,但由于其经营历史不长,操作规则、集体选择规则、法律规则与监督机制不够完善,加上信息不对称情况下政府组织与非政府组织的集体行动,森林生态-经济系统协同发展的困境加剧。

三、影响森林生态-经济系统协同发展自主治理的核心变量分析

下面对Ostrom(2009)提出的社会-生态系统自主治理的10个相关变量(见表5-2)进行考察和解释,这些变量是影响森林生态-经济系统的协同发展的关键变量。

表5-2 社会-生态系统自主治理的相关变量

一级变量	符号	二级变量	符号
资源系统	RS	森林资源规模	RS3
		森林生产系统	RS5
		系统动态变化的可预测性	RS7
资源单位	RU	资源单位可移动性	RU1
行动者	A	行动者数量	A1
		领导力/企业家精神	A5
		规范/社会资本	A6
		有关森林生态系统观的知识和思维模式	A7
		行动者对森林资源的依赖性	A8
治理系统	GS	集体选择规则	GS6

1.森林资源系统规模

由于界定边界需标记记号或用栅栏围住,这需要很高的成本,当森林管理的区域范围过于宽广时,不适合进行自主治理(Ostrom,2009)。中国集体林权制度改革全面推开后,大部分林地均有承包到户,导致林地细碎化问题更加凸显,难以形成规模经营,林农投入林地的边际报酬减少,林农经营的积极性降低,因此,迫切需要通过联合、合作等自组织方式扩大生产规模,实施自主治理,提高森林经营效率。从森林资源的视角来看,林地规模边界

定成本高、森林资源信息获取难度大等也间接影响不同森林自主治理的实施。从中国林业发展历程来看,一方面,中国集体林权制度改革基本上解决了森林资源系统和资源单位不同的产权归属问题;另一方面,林业专业合作社、家庭林场和林业龙头企业等森林经营组织又把分散的产权和细碎化经营的林业进行重新整合,实现规模化经营,这切实解决了埃莉诺·奥斯特罗姆所提出的小规模经营效果不佳的问题,同时,也体现了林业专业合作社、家庭林场和林业龙头企业等林业合作组织自主治理的精神(王浦劬 等,2015)。因此,森林资源系统规模是影响行动者自主治理的重要变量。

2.森林生产系统

森林生产系统包括森林自然生产力、森林生态经济生产力(Ostrom,2009)。提高森林生态经济生产力指人类对森林生态-经济系统进行开发、利用和保护,以获得森林产品和生态服务,提高森林质量,保持和提高森林资源再生产能力(张建国,2002)。为提高森林生态经济生产力,需考虑投入的要素(张建国,2002):(1)劳动力要素。需充分发挥森林资源行动者的主观能动性。(2)劳动对象和劳动资料要素。劳动对象是森林生态-经济系统;劳动资料是一个复杂的物质系统,包括林业经营过程中必备的物质和设备,如林业机械设备、化肥、农药等。(3)科技要素。科技在森林经营中起着重要作用,比如利用飞机播种、良种选育。(4)信息要素。它是系统的传导要素,包括市场信息、生物信息和森林资源信息等。由于中国林业经济增长模式主要依靠资本要素驱动,而劳动力、劳动对象、劳动资料、科技要素以及政策制度要素等存在投入不合理的现象(张建龙 等,2018),只有实现自组织森林经营,才能将各生产要素合理配置,建立集约型森林经营模式,从而提高林业生产效率。

3.系统动态变化的可预测性

森林资源系统往往比水系生态系统更具有可预测性,正因为如此,行动者可根据预测信息制定采伐规则(Ostrom,2009)。小规模的不可预测性可能导致森林系统的行动者以更大的规模组织起来,以提高整体可预测性,同时增强整体的经营能力和抗风险能力。

4.资源单位可移动性

管理和经营具有可移动性的资源单位需要很高的成本。在森林资源中,与树木、植物等固定单元相比,野生动物具有可移动性。因此,对野生动物实施自主治理的可能性较小。

5.行动者数量

森林经营具有生长周期长、见效慢、效益不高等特点,因此,如果行动者数量多、规模大,就可以降低自组织和自主治理交易成本(Ostrom,2009)。以社区森林为例,经营社区森林的成本非常高,如果经营者的数量多、规模大,就能够更多地调动必要的劳动力和其他资源。因此,行动者数量与森林系统自主治理始终是相关的,但其对自主治理的影响取决于森林生态-经济系统其他变量的情况和所涉及的管理任务类型。

6.领导力/企业家精神

领导力是指经营管理林业企业的能力和创新能力。如果林业经营主体具备领导者、企业家的必备技能和实战经验,还具有一定的威望,就更有可能实现自主治理(Ostrom,2009)。在乡村振兴战略下,科技特派员、驻村书记、村干部、爱故乡的乡贤和林业合作组织负责人等领导者更可能推动森林资源的自主治理。

7 规范/社会资本

交易成本理论提出,规则的存在可促使交易成本降低(张建龙 等,2018)。中央政府是规则的制定者、推动者和创新者,地方政府是规则的实施者。中国林业政策的实施与执行,依托一种自上而下的管理模式,地方政府在政策执行上采取选择性执行方式,而有限理性的上级部门考虑到监督将会付出很高的监督成本,会坚持次优原则,因而无法起到有效的监督作用。因此,应加快规范基层林业主管部门职能转变,强化公共服务,建立效率更高的管理制度。在森林经营中,若林业专业合作社、家庭林场和林业企业等经营行动者信守承诺以及坚守互惠准则和道德标准,可降低交易成本和监督成本。

8.有关森林生态系统观的知识和思维模式

集体林业的发展涉及由林业经济子系统和森林生态子系统耦合而成的复合系统的运行,因此,要在考虑生态系统承载力的前提下发展林业产业。如果林业专业合作社、家庭林场和林业企业等行动者具备丰富的森林生态系统知识、较强的环境保护意识和系统思维、较高的森林经营技能水平,可降低自主治理成本。

9.行动者对森林资源的依赖性

在埃莉诺·奥斯特罗姆提到的成功的自主组织案例中,行动者要么主要依赖森林资源系统来维持生计,要么高度重视森林资源的可持续性(Ostrom,2009)。否则,行动者不值得投入成本来组织和维持一个自主治理的系统。如果行动者因追求短期的经济利益而大面积种植速生丰产林、果林等经济林,就存在破坏生态环境的风险;如果行动者追求森林资源的林分结构与质量等长远的经济利益,那么将促进森林生态与林业经济的协调发展。

10.集体选择规则

行动者具有很大的自主权来参与制定和实施集体选择规则,并可以随着时间演替和依据世代积累的经验不断优化调整规则,使得规则具有很强的操作性和适用性。同时,行动者之间可以相互监督各自对规则的遵守情况,从而降低监督成本和社会成本。

第三节 基于自主治理理论的森林生态-经济系统运行机理分析

一、自主治理理论的内涵

Ostrom(2009)提出,自主治理理论提倡行动者自我组织、自我管理模式,认为影响自主治理的关键变量有10个(见表5-2)。朱广忠(2014)认为自主治理理论的应用需具备一定的社会历史条件,治理对象为小型公共池塘资源。朱广忠(2014)对自主治理理论的内涵进行如下阐释:一是自主治理的对象是行动者平等占有的公共经济资源;二是自主治理的内部条件是行动者具有平等参与决策权;三是自主治理的外部环境是政府的放权。陈亮(2018)认为自主治理应做好如下几方面的工作:在国家层面上,应做好顶层设计,构建全方位的公共资源制度体系;在过程监督上,应强化风险防控,形成链式监督体系;在基层自主治理层面上,应充分发挥民众的主体性作用。

自主治理涉及的多中心治理,具体来说是公共经济资源治理的一种形式。多中心治理是政府治理和市场治理的一种补充,也是主权在于民的政治行为。森林资源自主治理的核心思想为:在森林资源治理中利用森林资源行动者的社会资本,赋予治理系统充分的自主权,通过"自筹资金的合约"实施博弈,从而摆脱集体选择的困境。

二、森林生态-经济系统自主治理影响因素分析

自主治理理论力图超越市场和政府的局限性,寻求社会-生态系统的自

主组织和自主治理路径(王浦劬 等,2015)。为此,应立足于中国森林经营现实状况,依照"放管服"的改革要求,在国家的法律框架下增强社区治理能力,让森林经营主体拥有更多的自主经营权。具体来说,中央政府制定集体林业发展政策,地方政府落实集体林业发展政策,各级政府与森林经营主体通力合作,是实施自主治理的有效保障。

奥斯特罗姆(2012)以小规模森林资源系统为研究对象,分析自主组织与自主治理的过程,研究的核心问题是一群相互依赖的代理人(行动者)如何在抵制"搭便车"、逃避责任或其他机会主义行为的诱惑下,进行自主组织与自主治理并获得可持续的共同收益。奥斯特罗姆(2012)认为,实行森林资源自主组织和自主治理需考虑的问题如下:第一,如何提升自主组织的初始可能性;第二,如何促使人们通过不断的自组织来解决制度的供给、承诺和监督问题;第三,在没有外部协助的情况下,增强行动者通过自主组织解决自主治理问题的能力。

一般来说,影响森林资源行动者做出理性个人选择的4个内部变量包括预期收益、预期成本、内在规范和贴现率;影响共有产权集体林区森林资源制度供给的环境变量有9个:森林资源行动者人数、森林资源规模、森林资源单位在时空上的冲突性、森林资源的现有条件、森林资源单位的市场条件、冲突的数量和类型、变量资料的可获得性、所使用的现行规则、所提出的规则。

第四节　本章小结

本章以具有共同使用权的集体林为例,引入埃莉诺·奥斯特罗姆的SES分析框架和自主治理理论,对森林生态-经济系统下森林资源、治理系统和行动者三个方面的相互作用机理进行分析,在此基础上提出了子系统下的54个二级变量,分析了影响系统自主治理的10个相关变量,并对这些变量如何影响森林生态-经济系统的协同作用进行分析。研究表明:信息不对称情况下的政府组织与非政府组织集体行动加剧了森林生态-经济系统协同发展的困境;行动者从森林资源系统中提取森林资源单位从而实现经济效益,当行动者对森林生态系统的平均提取率低于平均补充率时,森林生态系统的可再生资源才能够长期持续发展。

森林生态-经济系统的结构是否宏观有序取决于系统成分之间的关联性和功能上的协同性是否强,因此不仅要注意系统内各个单一因素的作用,还要注意系统内部各二级变量之间,以及系统与外部社会、经济政治背景和生态环境之间的联系。林业是一项基础产业和公共福利事业,促进森林生态与林业经济协调发展的关键在于,在国家的法律框架下增强森林经营者的自主治理能力,促使其抵制机会主义行为的诱惑,互相监督,获得可持续的共同收益。

第六章 森林生态-经济系统协同发展的实践检验

在生态文明建设中,森林资源治理是核心问题之一(王浦劬 等,2015)。近年来,果林和速生丰产林种植面积的持续扩大促使林农的收入增加、调动了林农的营林积极性,但也破坏了生态环境。同时,还存在因多数村民外出务工而撂荒林地的极端现象,以及森林经营管理体制不完善、林权纠纷难以解决、林农参与林业合作组织的意愿不强、林业合作经营主体间缺乏信任与监督、林业合作组织功能定位不清晰等问题(蔡晶晶,2011;张建国,2002)。这些问题背后的根源是森林生态效益与经济效益之间存在矛盾,因此,本章将运用 SES 分析框架和自主治理理论,对森林生态-经济系统下资源系统、资源单位、治理系统和行动者协同治理的关键变量进行互动分析和实践检验。

第一节 森林生态-经济系统协同发展关键变量的互动分析

森林资源是典型的公共池塘资源,且森林生态系统与林业经济系统存在多元互动关系,这种互动关系嵌套在复杂的社会-生态耦合系统中。森林资源系统是森林生态系统中的一个存储变量。森林资源单位是行动者从森林资源系统中所占用或参与的量。行动者是指那些特定的提取森林资源的法律权利人,也指从森林资源系统中采伐森林资源单位的参与人。他们不仅可以使用或消耗提取的森林资源单位,也可以通过使用森林资源单位进行生产性投入从而获取经济效益。行动者在占有和利用森林资源系统的过程中,在合理的条件下能使采伐量最大化而又不损害资源存储量。然而,如果行动者从森林资源系统中过度提取森林资源单位,就可能会破坏森林资源系统。龙贺兴等(2017)认为,治理系统可以解决制度的供给、承诺和监督的问题。

第二节　数据来源与变量的选取

埃莉诺·奥斯特罗姆提出,社会-生态系统中有些变量值得深入研究。中国农村具有天然的多样性特征,在森林的可持续经营中起着基础性作用,因此是影响森林生态-经济系统协同发展的关键变量。福建省是中国集体林改的先行示范区,因此,福建省案例村和林业合作组织作为调研对象具有较强的典型性。在本节中,将基于福建省的调研成果,通过对森林生态-经济系统协同发展的关键变量进行互动分析和实践检验,更加客观真实地反映森林生态系统和林业经济系统互动关系的真实情况。

一、资料来源

福建省是中国集体林权制度改革的先行示范区,也是中国南方重点集体林区,山多林多、林业产业发达是福建的一大特色和优势,发展林业产业已成为当地农民脱贫致富的重要途径之一,为此,笔者所在的调研团队选取了福建省的案例村。

2019年10月,笔者所在的调研团队选取福建省S市10个村庄开展预调查,在预调查过程中,发现问卷有不足之处,因此对问卷进行完善。2020年1月,调研团队正式开始调查案例村,与案例村林业负责人进行面对面深度访谈并完成调查问卷。

为了增强案例村的代表性和数据的可靠性,调研团队采取以下三方面策略。一是选取走在集体林权制度改革前列的S市的CK村、SL村和ZL村,森林资源丰富的J市的HT村,属于自然保护区的W市中以森林旅游产业和茶叶产业为重点发展产业的典型村X村和DZ村。二是确保所调查的6个典型案例村有不同且具有特色的森林经营模式,其中:CK村和ZL村为"林业龙头企业+村集体"森林经营模式的试点村;SL村为"国有林场+村民小组""林票[①]制合作经营"森林经营模式的试点村;HT村为"村干部+林农"组成的林业合作社模式的试点村;X村的森林经营模式是以农户为核心的;DZ村的森林经营模式以林业大户为主导,主要经营种植杉木。三是预留调查对象的电话号码、微信,发现问题及时跟踪核实。从案例村林业发展基本概况(见表6-1)来看,案例村的森林覆盖率较高,基本是在保护生态环境的前提下,通过发展茶叶产业、合作造林和发展林下经济等途径获取经济效益。

---

① 国有林业企事业单位与村集体经济组织及成员共同出资造林或合作经营现有林分,由合作双方按投资份额制发股权(股金)凭证,即"林票",具有在县域内交易、质押、兑现等权能。

第六章 森林生态-经济系统协同发展的实践检验

表6-1 案例村林业发展基本概况

村名	X村	SL村	CK村	HT村	ZL村	DZ村
基本概况	现有人口4238人。森林覆盖率78%。耕地面积186.67 hm²，林地面积2015.60 hm²，其中：生态公益林1428.93 hm²，占70.89%；商品林586.67 hm²，占29.11%。村集体林业收入600万元，占比83.33%。通过收购本村和周边村庄茶叶经营茶业产业，本村有茶叶企业400余家。茶叶产业已成为农民从林地中获取经济利益的支柱产业，大面积过度种植推广茶叶的过程中，也存在破坏森林生态环境的问题。	现有人口1185人，其中常住人口116人，且大部分是留守老人。森林覆盖率80%。耕地面积121.20 hm²，林地面积1321.86 hm²，其中：生态公益林448.86 hm²，占33.75%；商品林883.0 hm²，占66.25%。村集体、林业收入10.90万元，占比4.30万元，占比9.45%。与国有林场合作经营林地面积2.60 hm²，合作期限为从合同签订日开始到林木采伐结束。2018年，SL村被划入重点生态区位重点人工社会资本赎买。收购商品林面积34.67 hm²，赎买价格为100万元，其中42%分配给林农村民，其余收入分配到村集体用于支持生产、建设新农村。	现有人口1062人，其中有大中专学历的有135人。森林覆盖率92%。耕地面积80 hm²，林地面积12680 hm²，其中：生态公益林12346.67 hm²，占97.37%；商品林333.33 hm²，占2.63%。村集体林业收入122万元。其中，林业收入12万元，占比9.84%。获得"全国文明村"称号，并将"绿水青山就是无价之宝"的理念融入村规民约中。坚持森林被永续利用。恩泽后代。2019年，引入社会资本赎买、并实施森林分类改造资源和建设森林康养基地。	现有人口3100人。森林覆盖率85%。耕地面积3066 hm²，林地面积3066 hm²，其中：生态公益林733.34 hm²，占23.91%；商品林2333.33 hm²，占76.09%。村集体收入50万元。其中，林业收入40万元，占比80%。有林业专业合作社1个，2019年，林业经济林种植杉木或杉木共2000 hm²。有省级森林人家授牌点1户，2019年收入达到300万元，年接待游客达到3万人次。	现有人口955人。森林覆盖率87%。耕地面积130.67 hm²，林地面积933.33 hm²，其中：生态公益林66.66 hm²，占7.14%；商品林866.67 hm²，占92.86%。村集体收入11万元。其中，林业收入10万元，占比90.91%。有林业以茶叶为主。与X村以股份公司方式合作造林。分配比例红利为30%，所得到林分配按照7:3比例分配，合作期限从合同签订日开始到林木采伐结束。	现有人口1343人，其中外出务工和经商的有1000人。森林覆盖率为98%。耕地面积180 hm²，林地面积2600 hm²，其中：生态公益林266.67 hm²，占10.26%；商品林（以杉木和毛竹林为主）面积2333.33 hm²，占89.74%。有林业大户3个，主要种植杉木；主要合作社1个，主要林下种植三叶青。有村庄森林资源丰富，村庄护林员8人，其中是贫困户的为2人。有村庄林业规划；进一步丰富树种结构、改善林分质量，调动社会力量解决资金问题，发展林下经济。

资料来源：根据2020年1月调研团队所调查的内容整理。

二、森林生态-经济系统协同发展的二级变量选取与分析

SES 分析框架涉及 8 个一级子系统和 53 个二级变量,由于本书的研究重点是资源系统、资源单位、行动者和治理系统的互动,以及基于中国森林经营特征和数据的可获得性,本书主要考虑 6 个一级子系统和 26 个二级变量。为保持本书所考虑的二级变量与 SES 分析框架中二级变量编号的一致性,本书对二级变量编号的顺序是不连续的。

SES 分析框架的意义在于,依据所搜集的各种数据资料,进行实地调研和实施高效管理,最后确定影响社会-生态耦合系统可持续发展能力的因子。基于 Ostrom(2009)所列出的核心子系统的二级变量,立足于中国森林经营状况,本书对 6 个案例村的森林生态与林业经济互动的关键变量进行对比分析(见表 6-2),并对 3 个林业合作组织的一些变量进行对比分析(见表 6-3)。

表 6-2 案例村森林生态与林业经济互动的关键变量分析

变量	案例村					
	ZL 村	SL 村	CK 村	HT 村	X 村	DZ 村
森林资源系统(RS)						
RS1:森林资源类型(按面积大小分类)	以人工林为主、以天然林为辅	以人工林为主、以天然林为辅	以天然林为主、以人工林为辅	以人工林为主、以天然林为辅	以天然林为主、以人工林为辅	以人工林为主、以天然林为辅
RS3:森林资源系统的规模	森林覆盖率 87% 生态公益林面积 66.66 hm^2 商品林面积 866.67 hm^2	森林覆盖率 80% 生态公益林面积 448.86 hm^2 商品林面积 881.00 hm^2	森林覆盖率 92% 生态公益林面积 12346.67 hm^2 商品林面积 333.33 hm^2	森林覆盖率 85% 生态公益林面积 733.34 hm^2 商品林面积 2333.33 hm^2	森林覆盖率 78% 生态公益林面积 1428.93 hm^2 商品林面积 586.67 hm^2	森林覆盖率 98% 生态公益林面积 266.67 hm^2 商品林面积 2333.33 hm^2
RS5:森林生产力*	中(杉木、茶叶)	中(毛竹、杉木)	中(阔叶树、杉木、毛竹)	中(毛竹、桉树、杉木、松树)	高(茶叶、阔叶树、松树)	中(毛竹、杉木)
RS7:系统动态变化的可预测性*	中度可预测性	较低可预测性	中度可预测性	较低可预测性	较低可预测性	较低可预测性
RS8:森林资源区位优势*	一般	一般	较强("两山"理论实践基地)	一般	较强(武夷山自然保护区)	较弱
森林资源单位(RU)						

续表

变量	ZL村	SL村	CK村	HT村	X村	DZ村
RU2:增长与更新率	与林业龙头企业合作造林、新造混交林20 hm²,抚育造林46.67 hm²	与国有林场合作造林、新造林26.67 hm²,以杉木为主	与林业龙头企业合作造林、新造混交林6.67 hm²	与林业专业合作社合作造林、种植经济林2000 hm²,新造混交林12 hm²	新造混交林5.33 hm²	新造林60 hm²,以杉木为主
RU4:经济价值	低(集体)	中(个体)	中(个体)	低(个体)	高(个体)	中(个体)
RU5:林地细碎化程度	比较高	比较高	比较低	比较高	非常低	非常低
治理系统(GS)						
GS1:政府组织	自上而下管理	自上而下管理	自上而下管理	自上而下管理	自上而下管理	自上而下管理
GS2:非政府组织	林业专业合作社1个;与林业龙头企业合作	与国有林场合作	出口杉木原料的林业企业1个;林业专业合作社1个	林业专业合作社合作1个;省级森林人家授牌点1户	茶叶企业400余家;与国家森林公园合作	林业专业合作社1个;林业大户3家
GS4:产权系统	不健全(有边界纠纷)	健全(无边界纠纷)	健全(无边界纠纷)	不健全(有边界纠纷)	不健全(有边界纠纷)	不健全(有边界纠纷)
GS6:集体选择规则*	以分户自主决策为主	以村"两委"决策为主	以村"两委"决策为主	以分户自主决策为主	以分户自主决策为主	以分户自主决策为主
GS8:监督与制裁(程度)	缺失	较低	高	一般	较高	一般

行动者(A):从事森林经营、森林管理等工作的有关人员,比如林农、林业站人员、林业专业合作社人员、林业部门人员等

第六章 森林生态-经济系统协同发展的实践检验

续表

变量	案例村					
	ZL 村	SL 村	CK 村	HT 村	X 村	DZ 村
A1:行动者的数量*	较少	多,但在任逐渐减少	较多,比较稳定	多	多,且比较稳定	多,但在逐渐减少
A2:行动者的社会经济属性	追求短期经济收入最大化	追求短期经济收入最大化	追求持续和稳定的共同受益与合作	追求短期经济收入最大化	追求短期经济收入最大化	追求短期经济收入最大化
A5:领导力/企业家精神*	已担任村干部5年,中专文凭,有林业管理经验	已担任村干部13年,大专文凭,在村民心中有一定影响力和威望	已担任村干部25年,全国人大代表,大专文凭,在村民心中有很大影响力	已担任村干部13年,大专文凭,在村民心中有一定影响力和威望	已担任村干部15年,中专文凭,擅长茶叶管理	已担任村干部8年,中专文凭,有林业管理经验
A6:社会规范/社会资本(程度)*	较低	较低	较低	较低	较低	较高
A7:森林生态系统的认知和思维方式*	缺乏切实可行的森林经营方案	缺乏切实可行的森林经营方案	有比较规范的森林经营方案	缺乏切实可行的森林经营方案	缺乏切实可行的森林经营方案	缺乏切实可行的森林经营方案
A8:对森林资源依赖的程度	较高	较低	较低	较高	非常高	一般
互动(I)						
I2:信息的可获得性	低	中	高	低	中	中

续表

变量	案例村					
	ZL 村	SL 村	CK 村	HT 村	X 村	DZ 村
I4:冲突的情况与类型	边界纠纷增加	村民与村干部冲突	边界纠纷减少	边界纠纷增加	茶山边界纠纷增加	林木林地权属边界纠纷
I5:投资行为	较低	较低	较高	较低	较低	非常低
结果(O)						
O1:社会绩效评估	村集体与村民间的林业收入分配比较不公平	村集体与村民间的林业收入分配比较不公平	村民间林业补贴分配比较公平	村民间林业补贴分配比较公平	村民间林业补贴分配比较公平	村民间林业补贴分配比较公平
O2:经济绩效评估	增加林农收入	增加村财政收入	增加林农收入	增加林农收入	增加村财政收入	增加林农收入
O3:治理绩效评估(生态与经济耦合)	低度耦合	低度耦合	中度耦合	低度耦合	低度耦合	低度耦合
O4:生态绩效评估	造林面积增加,以杉木为主;野生动物种类增加	造林面积增加,以杉木为主;保持生物多样性	造林面积较小,以杉木为主;保持生物多样性;环境非常好	造林面积很大,以种植果林为主,存在破坏生态环境的风险	造林面积较小,大量种植茶叶,有破坏生态环境的风险	造林面积增加,以杉木为主

注:政府自上而下管理是指中央政府是集体选择原则的制定者,推动者和创新者,而地方政府是操作原则的实施者;社会资本是指行动者为了一个组织的相互利益而采取的集体行动,其表现形式为社会网络、规范、信任、权威,行动的共识以及社会道德等。
资料来源:根据2020年1月调研团队的调查内容整理。

表 6-3 林业合作组织一些变量的对比分析

林业合作组织类别	营林规模/人	营林历史/年	2019年总收入/万元	外部资源支持程度	社员间信任与监督程度	经营范围	规章制度	技术
家庭林场	4	6	35	低	比较高	特色林果、林下经济	比较缺乏	缺乏
林业专业合作社	45	3	45	中	缺乏	造林营林、种苗花卉	比较缺乏	缺乏
国有林场	250	50	4425	高	一般	造林营林、良种育苗	比较健全	有

资料来源：根据 2020 年 1 月调研团队的调查内容整理。

第三节 经验性结果分析

一、森林生态-经济系统协同发展关键变量互动机制分析

根据第二节的分析，案例村森林生态-经济系统下一级子系统和二级变量的互动关系（见图 6-1）表现为：森林生态系统的区位优势对林业经济投资起着积极正向作用，比如通过林地出租、林地入股和"林票制"等多种形式盘活森林资产，进行森林规模经营，吸引社会力量投资林业活动；如果林农、林业合作组织等经营主体追求短期经济利益最大化，将负向影响森林生态系统的生态绩效；乡村一级林业行动者具有组织管理才能和领导力，有利于增强其在村庄重大决策中的话语权，帮助其获得信息，有效地解决冲突，更好地实现森林资源自主经营与治理；治理系统中如果缺乏森林经营合作规则、村级层面的森林经营制度和发展规划方案等社会规范，将难以明确林业合作经营主体与林农之间的权责利关系，难以形成良好的相互监督格局，进而降低行动者自主治理能力。

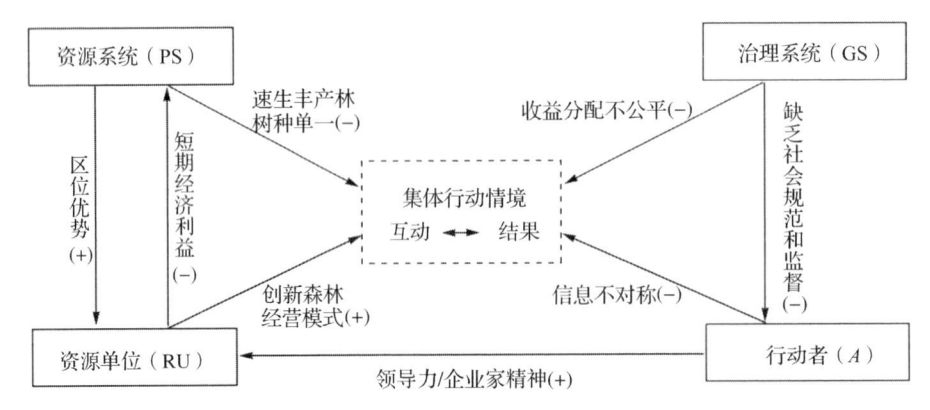

图 6-1 案例村森林生态-经济系统下一级子系统和二级变量的互动关系

二、森林生态-经济系统协同发展关键变量的识别结果分析

第一，在林业产权体系（GS5）不稳定的情况下，林业经营主体追求短期经济利益最大化，此时，森林资源区位优势（A4）、村干部领导力（A5）对投资林业活动（I4）起着正向影响。

案例村的林木品种以果林、马尾松、杉木等经济林、速生丰产林为主，可见林业经营主体追求短期经济利益最大化。由于森林生长周期长、经营成本高、收益见效慢特点，林地承包权具有短期性（产权证一般为 30 年、50 年和 70 年）、产权（GS5）边界不清晰和林地细碎化严重等产权体系不稳定特征，导致社会力量投资林业经营活动的意愿不强。一是林地权属与林地边界不清晰，导致一些林地边界纠纷（I4）的产生。二是林地碎片化（RU5）比较严重，提升了森林依法经营规模化和集约化的难度。从规模经济理论来看，森林经营规模扩大后，所需林地面积更大，森林经营单位面积内的生产分工更加合理和专业化，且可以节约经营成本。三是过度种植经济林，追求短期经济利益最大化，存在破坏生态环境的风险。例如，J 市大面积种植板栗，而要使板栗长势良好，就必须砍伐周边所有的树木，这导致冬季的板栗山远观就如火烧迹地一般,可见大面积种植板栗有破坏土壤和生态环境的风险。

森林资源区位优势($A4$)和村干部领导力($A5$)是吸引投资行为($I5$)的重要因素。案例 CK 村有生态公益林林区的区位、资源优势,以及较完善的村规民约和村文化,加上该村村干部注重盘活林地资源,因此吸引旅游集团投资 153.33 hm^2 的林地,用于建设"两山理论"实践基地。

第二,森林经营缺乏承诺、相互监督和制约机制,会降低林业合作组织自主治理和集体行动的能力。

国际上的森林治理学者提出"社区林业"概念,这一概念强调非政府林业合作组织在林业发展中的作用及其与政府组织的互动。笔者在调研过程中发现:首先,案例村邻里互动交流不频繁,行动者的社会规范/社会资本($A6$)都比较少。理性人利益最大化的行为是让他人遵守规章制度并承担成本,而自己选择投机。在林业合作组织中,若采取投机行为的参与者越多,即缺乏承诺和相互监督机制,就可能导致制度体系崩溃。其次,案例村均缺乏规范的森林经营方案,这导致在森林经营管理制度不健全的情况下,村组织与村民之间的相互信任与相互监督($GS8$)缺失,难以实现多主体协同创新和合作共治。在政府自上而下的管理下,每个案例村都至少有 1 个从事森林经营的非政府组织,有 2 个林业合作组织。拥有一定经营历史的林业经营组织,能够不断根据森林经营管理现实调整相关管理规定或修订相关合作协议($GS6$),明确森林行动者($A1$)的合法权益。从演化经济学的视角来看,时间与森林经营历史对森林生态-经济耦合系统的协同发展具有建设性作用(贾根良,2012)。案例村 HT 村中有村干部和林农组成的林业合作社,该合作社为林农搭建森林管护、造林务工平台,增加林农的收入,但由于其监督意识和制度完善($GS6$)意识不强,影响林业合作组织与村庄或林农的集体行动能力和自主治理能力。此外,乡村一级林业行动者在贯彻落实林业政策时,未能有效反馈政策实施过程中所出现的问题,不利于林业政策的制定(GS6),影响可持续森林生产计划的推进。同时,案例村对良种选育、林产品加工、病虫害防治、低产林改造等科技服务有很大的需求,例如,6个案例村中有3个案例村发生松材线虫病,平均受害面积达47 hm^2,然而,高校、科研院所、国有林场和林业龙头企业与案例村对接不畅,未能充分发挥技术指导作用。

第三,森林生态-经济系统子系统的互动结果都难以成功地平衡资源的生态面和经济面。

本书的案例村虽在提高森林资源的社会绩效(O1)、经济效益(O2)、生态效益(O4)和治理绩效(O3)方面具有一定的差异,但均未成功实现森林生态与经济的协调发展。

在社会绩效方面,案例村通过造林补贴、抚育补贴和生态公益林补贴,达成了初步的资源分配公平。有个别案例村将部分补贴留存在村集体,用于发展村容村貌整治等公共事业,但也出现个人通过蒙骗村民的方式私吞造林补贴的情况。同时,林业合作组织为林农创造就业的机会,增加了林农的收入。案例CK村村民对村庄的生态环境和村容村貌的满意度极高,对村庄有很高的归属感。

在经济绩效方面:通过种植茶叶、林果和速生丰产林,林农个人收入增加。同时,通过林地入股的方式,村集体和村民按照比例分配所获得的收益,增加了村财政收入,拓宽了村民增收渠道。此外,创新森林经营模式,增加农民收入。比如,在SL村的"林票"制改革实践中,国有林场与乡村、林业大户等合作,采取"股权共有、经营共管、资本共享、收益共赢"的经营模式。2019年,SL村与某国有林场的合作面积达112.26 hm^2,发行"林票"234.72万元。把股份量化成"林票"发给村民,村民可利用"林票"进行交易,这种做法实现了森林资源变成资产、股权变成股金、林农变成股东的"三变",有力促进了林业的高质量发展。

在生态绩效方面,案例村出现森林资源过度开发的现象。比如:X村茶叶企业有 400 余家,茶叶是林农和村集体收入的主要来源,但过度种植茶叶导致过度开垦茶山或过量使用农药的现象出现,破坏了生态环境。针对此现象,X 村所在市相关部门出台禁止开发新茶山政策,打好茶山整治战,推进生态茶园建设。SL 村通过重点生态区位商品林赎买,适时采用抚育间伐、择伐、林下补植乡土阔叶树等营林措施,优化林分结构,提高林分质量,开展生态公益林优化调整工作,实现"社会得绿、林农得利",逐步化解林农收益与生态保护的矛盾。

在治理绩效方面,案例村的村干部认为,由于信息不对称,国家出台的部分政策与地方实际情况的匹配程度较低,导致地方政府在落实政策时的效果欠佳,中央政府难以进行有效监督。相比之下,森林资源行动者自主制定规则、互相监督和实现共同收益,可以促使森林经营朝着集约、公平和可持续方向发展。

第四节　本章小结

本章引入 SES 框架和自主治理理论,对森林生态-经济系统协同治理的关键影响因子进行识别,主要有四个方面的发现:第一,森林生态系统的区位优势对林业经济投资活动起着正向作用。因此,可以通过出租、入股和"林票"制等多种形式盘活森林资产,实现森林规模经营,吸引社会力量成立林业合作组织,从而增加林农收入,实现森林经营集约化,提升集体行动能力。第二,在治理系统中的林业产权体系不稳定的前提下,林农、林业合作组织等经营主体追求短期经济利益,会最大化负向影响森林生态系统的生态绩效。第三,如果行动者具有组织管理才能和领导力,就可以在村庄重大决策中有发言权和决策参与权,更好地获得信息,更有效地解决冲突、吸引投资,从而更好地实现森林资源自主经营和治理,鼓励企业家返乡、大学生到农村支持林业发展,充分发挥省科技特派员在森林科学经营中的作用,助力乡村的全面振兴。第四,治理系统中如果缺乏林地经营法律等社会规范,就很难明确林业经营主体与林农之间的权责利关系,难以形成良好的相互监督格局,进而降低行动者的自主治理能力。

第七章　森林生态-经济系统协同发展的自主治理分析与实践验证

第六章的分析表明,通过识别森林生态-经济系统协同发展的关键变量,有利于实现林业经营的生态效益与经济效益,更好地促进森林生态与经济协调发展。但由于森林资源是一种典型的公共池塘资源,在管理上往往会因个体的理性选择导致陷入集体的非理性行为的困境,从而破坏森林生态-经济系统的协调性。因此,本章将在前文的基础上,通过赋予行动者自主权,对森林生态-经济系统协同发展进一步展开分析和案例验证。

第一节　森林生态-经济系统自主治理的情境创设

森林是一种典型的公共池塘资源(王浦劬 等,2015),也是一种复杂的社会-生态系统(王亚华,2018;王浦劬 等,2015)。因此,学者们普遍认为,在公共池塘资源的管理中,个体的理性选择会导致集体的非理性行为,要想避免集体的非理性行为,就应通过政府管理或者市场管理来防止公共资源的过度消耗(Hardin,1968)。20世纪80年代,学者们提出需进一步研究公共池塘资源治理中制度的多样性。直至20世纪90年代,埃莉诺·奥斯特罗姆通过对日本、瑞士山区的细致实证研究,提出公共池塘资源管理的自主治理理论和影响社会-生态系统自主治理的十大变量(见表7-1)。自主治理是政府管理和市场管理之外的第三条道路,在世界各地的森林、牧场等案例中得到验证。自主治理理论的核心思想是在公共池塘资源治理中充分利用资源行动者之间的社会资本、信息优势,赋予行动者充分的自主权,通过"自筹资金的合约"实施自主治理。

表 7-1　影响社会-生态系统自主治理的相关变量

第一层级变量	第二层级变量与第三层级变量
资源系统(RS)	RS3:森林资源规模
	RS5:森林生产系统
	RS7:系统动态变化的可预测性
资源单位(RU)	RU1:资源单位可移动性
行动者(A)	A1:森林经营或管理的用户数
	A5:领导力/企业家精神
	A6:社会规范/社会资本
	A6-a:林农所积累的社会资本
	A6-b:林农对村庄的归属感
	A7:对森林生态-经济系统的认知/思维方式
	A8:行动者对森林资源的依赖性
治理系统(GS)	GS6:集体选择规则
	GS6-a:制度完善性

基于此,本章将自主治理界定为在政府放权和集体林权制度改革的外部环境下,国家林业和草业局负责林业政策的顶层设计,地方林业管理部门、村干部、新型林业经营组织和林农为森林资源治理的主要行动者,行动者们相互合作,对森林资源所进行的自主经营和自主治理。行动者们具有当地森林经营活动制度的制定权和决策的参与权,能够主动对承包的山林进行抚育管理,并开展植树造林和山地综合开发等活动。自上而下的国家资源转移对接到村集体,村集体就能够根据森林资源经营的需求进行最有效率的建设,激发森林经营主体(林农)的主体性,让林农进行森林自主经营与自主管理。

第二节 识别影响自主治理的核心变量

一、案例村基本情况[①]

JW 村是福建省龙岩市武平县一个生态环境良好、森林资源丰富的重点林区村,既是中国集体林权制度改革的策源地,也是习近平生态文明思想示范基地。全村耕地面积 680 亩[②],林地面积 2.7 万亩,人均林地面积 46.2 亩,森林覆盖率 84.2%。村里的林农能够充分利用人均林地面积大的优势,在坚持保护森林资源原则下,合理利用林下空间,发展林下种植有机灵芝、七叶一枝花、黄花远志、多花黄精、草珊瑚和林下养蜂、养鸡等林下产业。为了发展壮大林下经济产业,该村已成立村级股份公司 1 家、林下经济专业合作社 4 家、县级药材基地 2 个、林下特色养殖基地 5 家。此外,该村探索"党支部+合作社+基地+农户"的模式,进行抱团式经营,走出生态和经济双赢的绿色新路子。

NK 村为福建省龙岩市长汀县的水土流失治理成功典型示范村。该村坚持山水林田综合开发和小流域治理,形成山清水秀的生态资源优势,造福百姓。全村有耕地面积 56.93 hm²、林地面积 831.13 hm²,2018 年实现村集体收入 37.5 万元、农民人均可支配收入 16800 元。该村先后获得全国文明村、全国民主法治示范村、全国科普惠农兴村先进单位等称号,2018 年被评为市级美丽乡村示范村、省级乡村旅游特色村、省级森林村庄。

---

① 此部分所介绍的基本情况为笔者所在调研团队调研期间的情况。
② 1 亩≈666.67 平方米。

NK村治理水土流失，打造绿水青山。在扶贫协会的支持下，NK村通过"公司＋基地＋农户"的模式，动员村民开垦荒山种果，现全村286.67 hm^2的银杏已成林，治理水土流失面积达533.33 hm^2，昔日荒山已成绿洲。近年来，NK村还积极发展林下种植，与企业开展合作，在银杏基地套种百合33.33 hm^2，实现了水土流失治理与林下经济双丰收。

二、案例村林业发展演替分析

首先，对案例村JW村不同阶段林业发展的基本情况进行比较分析（见表7-2）。根据制度理论，一个好的制度，能够促使经济的全体博弈均衡。中国集体林权制度改革是林业发展进程的制度创新，由于2001年是中国集体林权制度改革试点的第一年，因此，本书以2001年为临界点，分别分析2001年以前和2001年以后JW村林业发展的基本情况。1981—1982年，JW村开展林业"三定"工作，给农民划分了部分自留山和责任山。1993—1994年，JW村落实和完善林业生产责任制，把大部分集体山林的经营管护权落实到户、联户和村民小组等。这两次改革在一定程度上促进了JW村林业的发展，但林业生产关系中一些深层次矛盾和问题愈加突出，特别是林地林木产权不明晰、经营机制不灵活、监督机制不健全、利益分配不合理等问题，这些问题导致广大林农的山林承包权、生产自主权和经营收益权得不到有效保障，发展林业的积极性和责任心被严重影响，进而导致个别地方的森林火灾无人扑救，乱砍滥伐屡禁不止，直接影响了林业可持续发展。2001年，JW村作为集体山林确权发证试点村，通过创新集体林地林木产权制度，明晰产权，不断落实和完善林业生产责任制，让林农成为集体山林真正的主人，实现林有其主、主有其权、权有其责、责有其利，确保林业所有者和经营者利益的实现，调动林农造林、育林、护林的积极性，充分发展林业生产力。集体林权制度改革后，该村生态公益林和水源涵养林面积超过全村林地总面积的三分之一。

表 7-2　JW 村不同阶段林业发展基本情况的比较分析

2001 年以前	2001 年及以后
山多林多是 JW 村一大特色和优势,但由于未充分挖掘这一资源,村民照样过着贫穷的日子。1981—1982 年,JW 村开展林业"三定"工作,给农民划分了部分自留山和责任山;1993—1994 年,JW 村落实和完善林业生产责任制,把大部分集体山林的经营管护权落实到户、联户和村民小组等。这两次改革在一定程度上促进了林业的发展,但林业生产关系中一些深层次矛盾和问题愈加突出,特别是林地林木产权不明晰、经营机制不灵活、监督机制不健全、利益分配不合理等问题,这些问题导致集体山林分而不管、只砍不造,而且因林地界址、林木权属等不明晰,纠纷常有发生。2000 年,JW 村人均可支配林业收入 380 元,占人均总收入的 24%;森林覆盖率 78%;林木蓄积量 10.3 万立方米	JW 村是集体山林确权发证试点村。2001 年,经村民代表大会集体讨论决定,该村所有集体山林按 1981 年林业"三定"人口实行平均分配,林权发证率 100%,林权到户率 100%。2003 年,JW 村被评为"全国林改策源地"。2018 年开始,JW 村发展林下经济、乡村旅游,把村庄建设得更加美丽,让日子越过越红火。2019 年,JW 村人均可支配林业收入 10057 元,占人均总收入的 50.2%;森林覆盖率 84.2%;林木蓄积量 19.3 万立方米

其次,对案例村 NK 村不同阶段林业发展的基本情况进行比较分析(见表 7-3)。NK 村的水土流失治理历经了漫长的过程,通过几十年的持续治理,该村的水土流失面积由 1985 年的 97460 hm² 下降至 2020 年的 21020 hm²,水土流失率由 31.47% 下降至 6.78%,昔日的"火焰山"变成绿色飘香的"花果山"。该村的水土流失治理是中国南方水土流失治理的典范,主要治理导向是人工治理与自然恢复有机结合、生态效益与经济效益有机结合。该村聚焦精深治理,组织精干力量,深入一线精准摸排,落实流失斑块,因地制宜,明确治理措施,将各项目细化落实到山头地块。此外,还依托林业发展公司,实行项目统一管理、统一设计、统一组织、统一施工,抽调专

业技术人员开展治理质量监督和技术指导,在每个作业点实行技术人员全程跟班作业,严把质量关。

表 7-3 NK 村不同阶段水土流失治理基本情况的比较分析

艰难起步阶段 (1949 年—1976 年)	全力整治阶段 (1977 年—2009 年)	全面决胜阶段 (2010 年—2021 年)
1949 年 12 月,NK 村所属的河田镇设立东江水土保持试验区管理组,拉开了水土流失治理的序幕。管理组在确定林权的前提下,广泛发动群众建立林业生产组织,制定保护森林的公约,巡山护林,禁止乱砍滥伐。不少山开始披上"绿装",水土流失得到一定的缓解。NK 村所属的长汀县开展以自采、自育、自造等"三自"为主的群众造林水土流失治理。1962 年,长汀县成立了县水土保持办公室,广泛发动种植乔木灌草,水土流失情况有了一定的改善。然而,因百姓生活贫苦,靠山吃山,乱砍滥伐现象时常出现,森林生态保护与经济发展的矛盾越发凸显	1977 年,NK 村探索水土流失治理与经济发展协同并进的路子,在河田栽种千亩果树。1980 年,NK 村在河田建立小流域治理示范点。1983 年,时任福建省委书记项南调研河田水土流失治理工作,总结了河田的水土保持经验并指导实践,取得很好的效果。河田因此被列为福建省水土保持试点重点区域。20 世纪 90 年代始,长汀县落实"谁治理、谁经营、谁受益""谁种谁有、允许继承、允许转让"等群众治理水土流失优惠政策,让人民成为治理的主人翁和主力军,大力开展植树造林工作。1999 年 11 月,时任福建省省长习近平专程考察长汀水土保持工作。2001 年 10 月,时任福建省省长习近平再次考察长汀,作出"再干八年,解决长汀水土流失问题"的重要批示	2012 年,NK 村所属的长汀县实行"以奖代补""大干大支持"等优惠政策,鼓励和引导群众以承包、租赁、股份合作等形式参与水土流失治理,大力培育水土流失治理大户,探索出大户承包治理、专业队治理、合作社治理、村民自建治理等多种组织形式。同时,NK 村征求群众意见,重大问题由村民大会讨论决定,变"要我治理"为"我要治理"。相关政策有:在水土流失区,种植经济林果每亩补助 300 元,新建蓄水池每个补助 180 元,建立示范家庭林(农)场、生态示范基地和生态企业分别补助 2 万元、5 万元、10 万元;发展林下经济的,验收合格后,按实现产值的 20% 补助,每户最高补助 2 万元

三、森林生态-经济系统自主治理的操作规则分析

一般来说,行动者从森林资源系统中提取森林资源单位的平均提取率低于平均补充率时,可再生资源才具有可持续性。调研中,笔者发现,案例村行动者通过自主治理提高森林经营的效率,但仍存在不合理开发森林资源、过度林下种植、获取的经济效益不高等问题。

JW村通过自主治理管理森林。在生态林的森林管护方面,村委会与管护责任人签订管护合同,若管护效果好,则续签合同,并按照相关要求进一步完善管护合同;尚未落实管护责任人的,根据山场地理位置和范围、面积进行划片、化块后,由村委会确定护林员,并签订管护合同;管护工作按照上级有关部门的生态林管护要求进行,且上级下拨的生态林管护费按规定支付给管护者;管护责任人管护期间,村委会每年验收一次,若连续2年验收不合格,村委会将重新确定管护人。在补助方面,对已划入生态林的自留山,按1981年县政府颁发的自留山证登记的户主和面积,根据生态效益补助标准将补助金支付给自留山户主;对已划入生态公益林的集体山林,其生态效益补助由村集体所有。对于商品林,坚持商品林的林地所有权归村集体所有,以不改变林地使用性质为前提,实行有偿租赁使用。据笔者测算的结果,JW村户均承包集体山林125亩,按平均15年后主伐林木的林地使用费每年每亩1元计算,每户前期只需投资1875元,届时按每亩出材8立方米、纯利润每立方米100元计算,每户可获得收入12万元,年均增收8000元,这大大增加了林农收入。因此,许多村民自发地对转让到户的山林进行抚育和造林,扩大再生产。

20世纪80年代末90年代初,NK村开始水土流失治理,早期的成功经验是"猪—沼—果"模式,而如今是发展森林旅游。20世纪90年代中期,NK村人均收入只有600元。那个年代,NK村全部是"光头山",每次下雨泥沙

全部被冲下来,村里有十多户人通过捞冲下来的沙来增加收入。2020年,NK村人均收入已达23000元左右。现在,NK村已变得山清水秀,村民们已经不再向山林索取了,而是保护山林、发展森林旅游。

第三节 案例村形成自主治理的主要条件分析

上述两个案例村分别为集体林权制度改革和水土流失治理的典型成功案例,从中可看出两个案例村对自主治理关键变量的挖掘与把握。本小节应用埃莉诺·奥斯特罗姆提出的社会-生态系统自主治理的10个相关变量,对案例村形成自主治理的主要条件进行分析(见表7-4)。

表7-4 案例村形成自主治理的条件分析

自主治理的相关变量	JW村形成自主治理的条件分析	NK村形成自主治理的条件分析
RS3:森林资源规模	一是林农所拥有的林地边界清晰,林地四至都清晰地标明。二是成立林权流转服务平台,出台《关于引导林权规范流转促进林业适度规模经营的意见》等文件和相应保障措施,确保流转整合森林资源,促进规模经营	一是林权证已发放到位,林农所拥有的林地边界清晰,林地四至都清晰地标明。二是促进水土流失规模治理,成立国有专业生态治理公司,采取公司化运作,打破以往林业、水保等部门各自为战的单一治理形式,实行项目统一管理、统一设计、统一组织,实现专业化治理,探索形成了"补植＋施肥＋灌草"的立体治理模式
RS5:森林生产系统	扩大绿化造林面积,改善林分质量,提升林地生产力,已形成具有特色的林下种植和林下养殖产业	开垦荒山种果,治理水土流失,并在杏林下套种百合,实现水土治理与林下经济双丰收
RS7:系统动态变化的可预测性	从森林中获取经济效益,主要从事杉树、松木种植以及林下种植、林下养殖和林产品加工工作。林木的采伐期是具有可预测性的	从森林中获取经济效益,主要发展林下种植、林下养殖和森林旅游。林木的采伐期是具有可预测性的

第七章　森林生态-经济系统协同发展的自主治理分析与实践验证

续表

自主治理的相关变量	JW 村形成自主治理的条件分析	NK 村形成自主治理的条件分析
RU1:资源单位可移动性	所提取的森林资源为木材、林下经济产品,不具有可移动性	所提取的森林资源为林下经济产品,不具有可移动性
A1:林业经营用户数	167 户	185 户
A5:领导力/企业家精神 A5-a:村庄公共领导力	返乡创业人员 27 人	返乡创业人员 13 人。20 世纪 90 年代,村里很穷,一位在外乡贤决定带村民改变,带领村民们种银杏树
A6:社会规范/社会资本 A6-a:林农所积累的社会资本 A6-b:林农对村庄的归属感	集体林权制度改革文件和森林经营发展规划方案。 林农间频繁进行林业经营经验交流 村庄环境优美,邻里关系和睦,林农对村庄有强烈的归属感	经全体村民讨论通过涉及村容村貌、河道保护、植树造林、不改变林地用途等方面的村规民约和水土流失治理整治方案,林农间林业方面交流频繁。 山清水秀,邻里关系和睦,林农对村庄有强烈的归属感
A7:对森林生态-经济系统的认知/思维方式	在保护森林资源和遵守相关林业政策的前提下发展林业产业	在保护森林资源、遵守林业和水土流失治理等相关政策的前提下发展林业产业
A8:行动者对森林资源的依赖性	林农家的林业收入占家庭总收入的比重平均为 60%,可见行动者具有较强的森林资源依赖性	林农主要收入来源为林下养殖和农业产业。 村庄加大招商引资力度,通过租赁、入股、互换等形式,引导农户参与产业发展
GS6:集体选择规则 GS6-a:自主制定规则	一是行动者自主制定规则、互相监督和共同受益。设立的林业合作经济组织,实行"三免三补三优先"政策,助推新型林业经营主体发展壮大。 二是构建林地承包经营纠纷仲裁体系,将林地承包经营纠纷纳入农村土地承包仲裁工作范围	村民自行制定村规民约,形成相互监督机制,在保护森林资源的前提下发展林业产业。 建立健全的规章制度,如《龙岩长汀水土流失区生态文明建设促进条例》《水土流失精准治理深层治理责任状》《关于深化生态公益林管理体制改革的意见》

(1)森林资源规模。一是坚持林权发证合法规范是森林资源规模经营的前提条件。案例村依法进行实地勘界发证,使得林农所拥有的林地边界

清晰,林农所承包的林地四至都清晰地标明,做到图、表、册一致,人、地、证相符,四至清楚,权属明确。二是建立规范的林权流转机制是森林资源规模经营的必要条件。案例村成立林权流转服务平台,出台《关于引导林权规范流转促进林业适度规模经营的意见》等文件和其他保障措施,为其他社会主体参与林地流转提供了产权制度保障,吸引社会力量参与林业经营,促进林地适度规模经营和科学经营。案例村通过大力培育家庭林场、股份合作经济组织等新型林业经营主体,促进林业生产经营由兼业化向职业化、由业余型向专业型转变(张建龙,2018),引导林地经营权向新型经营主体流转,积极探索村集体统一流转模式,推动分散经营向专业化、标准化、规模化、股份合作化经营转变,不断提高森林经营效率。

(2)森林生产系统。森林生产系统包括森林自然生产力、森林生态经济生产力。森林生态经济生产力指人类对森林生态-经济系统进行开发、利用和保护,以获得森林产品和生态服务,改善森林质量,保持和提高森林资源再生产的能力。JW村通过扩大绿化造林面积,改善林分质量,提升林地生产力,已形成具有特色的林下种植和林下养殖产业。

(3)领导力/企业家精神。领导力是指经营管理林业企业的能力和创新能力。林业经营主体越具备领导者、企业家的必要技能和实战经验,越在当地有威信,就越有可能实现自主治理。在全面推进乡村振兴的大背景下,科技特派员、村干部、爱故乡的乡贤和林业合作组织负责人等领导者更可能推动森林资源的自主治理。案例村结合科技特派员制度,建立"一亩山万元钱"科技人员挂钩帮扶机制,加大技术服务和培训力度;实施特色林产品优势区提升计划,培育扶持一批特色鲜明、竞争力显著、辐射能力强的林业产业集群和集聚地。

(4)社会规范/社会资本。农村是中国森林资源最为丰富的地方,林农群体拥有丰富的社会资本。将自主治理理论的思路引入森林资源的治理中,可以在体制上赋予林农集体决策和执行的自主权,充分利用林农群体之间的社会资本来降低制度创立和执行的成本,从而推进森林资源的可持续发展,这对于中国的林业建设、增加农民收益、缩小城乡差距大有裨益。JW村针对林业资源的管理与发展,有健全的规章制度和森林经营发展规划方案,而且林农间关于林业经营经验交流频繁,加上村庄环境优美、邻里关系和睦,使得林农对村庄有强烈的归属感。

(5)集体选择规则。在集体选择规则层面,行动者具有很大的自主权来参与制定和实施这些规则,并且可以随着时间演替和世代经验积累不断优化调整规则,因此,这些规则具有很强的操作性和适用性,而且行动者之间可以相互监督各自对规则的遵守情况,从而降低了监督成本和社会成本。案例村主要做法如下:一是行动者自主制定规则、互相监督和共同受益,提高森林经营与保护的效率。首先,以签订合同的形式将集体林地使用权和林木产权转让给林农,使林农从中受益;其次,制定林地使用费规则,确保村财收入稳定可靠;再次,以法律形式确定林木所有权,赋予林木所有权法律地位,调动林农投资林业生产的积极性;最后,设立林业合作经济组织,实行"三免三补三优先"政策,助推新型林业经营主体发展壮大。二是构建林地承包经营纠纷仲裁体系,将林地承包经营纠纷纳入农村土地承包仲裁工作范围,减少山林纠纷,改善干群关系,促进农村社会稳定。

第四节 实践检验结果分析

(1)当行动者的家庭收入主要来源于林业经营,即对森林资源的依赖性很高,那么行动者更愿意投入资金开展林业经济活动。(2)若村庄的森林资源经营历史悠久,则行动者之间会相互监督与信任,从而降低社会资本。(3)返乡创业人员、科技特派员在森林经营自主治理中起着关键作用。(4)行动者相互交流、沟通频繁是相互建立信任的有效途径,在沟通中他们会进一步了解自己的行为将会对其他人产生什么影响,对森林资源产生什么影响,以及如何自行组织起来趋利避害,从而拥有社群观念。长期生活在同一个村庄的林农具有较高的同质性,特别是利益上的相似性、规范上的共识性,这能够促进新型林业经营主体的建立和作用的发挥,从而实现真正的自治。行动者自组织的失败常常是因为家族内利益分配不明晰及政府官员发生寻租行为。

第五节　本章小结

本章基于自主治理理论,通过森林生态-经济系统自主治理的情境创设,选取中国集体林权制度改革第一村和福建省水土流失治理示范村作为案例村,对案例村的改革过程、治理历程进行研究,并识别影响自主治理的核心变量,同时对案例村形成自主治理的主要条件进行分析。在识别影响森林生态-经济系统协同发展中自主治理的因素时发现:行动者对森林资源的依赖性、森林资源经营历史、林业经营主体领导力和社会资本是影响自主治理的关键因素;人口、经济、森林资源管理政策等背景变量是影响自主治理的重要因素。

第八章　森林生态-经济系统协同发展的演化博弈分析

　　为进一步揭示森林生态-经济系统协同发展的内在机理,探究森林经济发展与森林生态保护之间的逻辑关系尤为重要。博弈论作为一种分析工具,研究的是决策者的行为产生直接相互作用时的决策以及这种决策的均衡问题。行动者与治理系统作为推进林业产业化进程的两大主体,在林业经济活动中存在不同的发展目标和决策行为:从行动者层面来看,主要是厂商、林农等社会主体为了追求自身利益,从森林资源系统中获取资源单位;从治理系统层面来看,主要是地方政府为了实现林业经济的高质量发展,对外部经济活动进行宏观经济的调控。如何在兼顾森林生态保护的前提下实现林业经济效益最大化,实质上涉及利益相关者的相互合作博弈,在此过程中,势必产生行动者与森林资源治理系统的互动与博弈。如何才能促使行动者与治理系统在集体行动中实现双方利益均衡?本章分析了治理系统中的政府与行动者这两大主体同森林生态-经济系统的关系,并在此基础上运用演化博弈理论进行分析。

第一节 治理系统中政府行为与森林生态-经济系统的关系

政府行为旨在营造一种积极的发展环境,在兼顾森林生态的前提下,从全局利益出发,推动林业产业全面、协调和可持续高质量发展(张建龙,2018)。由于森林资源是一种特殊的、具有显著外部经济性的公共物品,难以由市场以合理化比例配置,只有通过政府力量,将林业经营为社会创造的间接效益补偿给林业经营行动者,才能调动广大林业经营者的积极性,引导林业经营者科学经营,促进生产要素向林业领域转移,提升森林资源的供给能力。在推进林业产业化过程中,要始终依赖政策、科技、投入和服务(凌渝智,2014),比如,通过先进的科学技术和管理手段,充分发挥森林的多种效益,持续经营森林资源,但是贯穿始终的还需是政府的调控、引导和服务,政府行为是推动森林生态-经济系统协同发展的关键。一直以来,我国党和政府高度重视林业工作,不断调整林业政策,以林业经济绿色发展为主题,实施以生态建设为主体的林业发展战略,通过出台相应的制度规范来为林业经济发展保驾护航,以实现我国林业的高质量发展。表8-1列示了2001—2024年我国出台的部分促进森林生态-经济系统协同发展的政策。

表8-1 2001—2024年我国出台的部分促进森林生态-经济系统协同发展的政策

文件名称(年份)	主要内容
《关于违反森林资源管理规定造成森林资源破坏的责任追究制度》和《关于破坏森林资源重大行政案件报告制度的规定》(2001年)	进一步规范森林资源管理和林政执法人员的行为,切实保护、管理和发展森林资源
《国家林业局森林资源管理检查十项纪律》(2006年)	加强各单位对森林资源管理各项检查工作的管理,强化监督检查措施,严肃森林资源管理检查纪律

续表

文件名称(年份)	主要内容
《森林抚育补贴试点资金管理暂行办法》(2010年)	规范和加强森林抚育补贴试点资金管理,提高资金使用效益
《天然林资源保护工程森林管护管理办法》(2012年)	进一步规范和加强对天然林资源保护工程森林管护工作的管理,提高森林资源管护的质量和水平
《国有林场基础设施项目建设标准》(2013年)	因地制宜地确定国有林场基础设施建设规模,充分发挥国有林场的作用和功能,使国有林场基础设施建设内容安排合理且规范
《森林生态站工程项目建设标准》(2013年)	促进国家生态环境建设,适应林业宏观决策和满足森林生态站长期观测研究的需要,规范和加强森林生态站工程项目建设
《森林抚育作业设计规定》和《森林抚育检查验收办法》(2014年)	指导各地科学开展森林抚育,提高森林抚育质量,规范检查验收工作
《森林认证规则》(2015年)	规范森林认证工作,保障森林认证活动公正、公平、有序进行
《全国森林经营规划(2016—2050年)》(2016年)	落实中央关于林业工作的目标要求,科学推进森林经营,精准提升森林质量
《长江经济带生态保护修复规划(2018—2035年)》(2018年)	提升自然生态系统的稳定性和承载力,深入推进长江经济带绿色高质量发展
《林业改革发展资金管理办法》(2020年)	加强和规范林业改革发展资金使用管理,提高资金使用效益,促进林业改革发展,加大生态保护力度
《关于全面推行林长制的意见》(2021年)	明确地方党政领导干部保护发展森林草原资源目标责任,构建党政同责、属地负责、部门协同、源头治理、全域覆盖的长效机制。强调坚持生态优先、保护为主,全面落实森林法等法律法规,建立健全最严格的森林草原资源保护制度,加强生态保护修复;针对不同区域坚持分类施策,全面提升森林草原资源的生态、经济、社会功能。提出加强森林草原资源生态保护,完善森林生态效益补偿制度,深化森林草原领域改革,建立市场化、多元化资金投入机制等

续表

文件名称(年份)	主要内容
《关于深化生态保护补偿制度改革的意见》(2021年)	促进我国生态保护补偿制度的法律法规不断完善、补偿要素不断丰富、补偿方式持续创新、补偿实施范围不断扩大,推动各地区各部门在生态保护补偿方面进行积极探索和实践
《生态保护补偿条例》(2024年)	对生态保护补偿的方式、保障和监督管理等作了明确规定。强调推进生态保护补偿市场化发展,鼓励企业、公益组织等社会力量参与生态保护补偿,拓展生态产品价值实现模式,推动生态优势转化为产业优势
《关于践行大食物观构建多元化食物供给体系的意见》(2024年)	提出积极发展林下经济,稳妥开发森林食物资源,引导各地挖掘培育森林"粮库、钱库",推动林下经济规模化、集约化、标准化、产业化发展,促进绿色增长、林业增效、林农增收、农村发展

事实上,政府行为不仅仅包括出台制度规范,还包括实施监督管理、进行财政投入等。政府的推动和协调作用是不言而喻的,这种作用的发挥,决定着林业经济是否能够可持续发展。然而,政府行为在具体实施过程中也可能因信息不对称而出现高成本、低效率的问题,而且政府的目标也可能向经济增长偏移。为此,本章详细分析了在林业经济发展过程中,政府作为森林资源的治理系统,在与行动者的博弈中可能出现的各种行为决策,并依据博弈结果提出相应政策建议。

第二节 行动者行为与森林生态-经济系统的关系

林业经营者作为森林生态-经济系统中最主要的行动者,是林业活动的主体,分析其在林业经济活动中的微观行为,是研究行动者与治理系统的演化博弈过程的基础。林业经营者拥有林地利用方面最基层的行为决策能力,其经营行为在一定程度上会影响森林生态系统与林业经济系统的运行过程。一方面,林业经营者受治理系统约束,履行着保护、培育森林资源的义务,充分利用当地自然条件和自然资源,在森林承载力范围内,健康、有效地发展经济,并保证国有森林资源稳定增长,增强森林生态功能,实现林业和林区经济与生态系统高效、协调、持续发展;另一方面,由于林业经营者可能存在短期行为,比如不能正确执行林业建设方针和经营方针,不能切实地以营林为基础和以林为主,而是以营林为任务、以实现眼前利益为目的,加剧了森林资源的短缺情况,阻碍了林业产业的发展。林业经营者的行为除了受经营者本身的素质和价值取向等内部条件影响外,更受林业经营环境的影响。林业经营环境是指影响林业经营者活动的外部条件,主要包括政治、经济、社会和技术环境。由于林业是一个特殊的产业部门,国家的政策和制度对其有很大的影响,进而对林业经营者行为有很大的影响。因此,要使林业经营者尽量不产生短期行为,除了要改变林业经营者的经营思想,还要完善林业政策体系,改革和完善林业的投入与管理机制,加快优化升级林业产业结构,建立较完备的林业产业生态体系。

在实现百姓富、生态美有机统一的发展进程中,中国集体林权制度改革积极推进了森林保护和林业经济发展,保障了林业经营者的合法权益,给林业经营者创造了良好的制度环境,但是,不少经营者为了近期利益而牺牲长远利益的现象仍然存在,影响了林业的可持续发展。林业经营者行为是否有利于森林生态-经济系统的运行,取决于在当前的制度体系下能否使林业经营者抑制或克服短期行为,其中涉及林业经营者与政府的博弈,本章接下去的部分建立并分析了行动者与治理系统的演化博弈模型。

第三节　森林生态-经济系统下行动者与治理系统的演化博弈分析

从前文分析可知,行动者从森林资源系统中提取森林资源时,为兼顾森林生态效益和经济效益,会产生与治理系统的互动与博弈。具体而言,资源系统与资源单位的流量之间存在相互依存关系,森林资源长期面临着拥挤效应(Crowding Effects)和过度使用问题(奥斯特罗姆,2012),如果森林资源单位提取量逼近森林资源单位的极限,不仅会产生短期的拥挤效应,而且可能会影响森林资源单位的再生产能力。处于复杂、不确定情境中的理性行动者在经营森林资源时的行为选择取决于其如何了解、看待和评价行为的收益、成本及其与结果的联系。情境中的不确定性因素包括降水量、日照时间、病虫害、森林火灾、各种投入或最终产品的市场价格、行动者所具备的森林资源管理知识。在森林经营情境中,行动者会尽可能地根据现实条件寻求最佳的行动解决方案。在资源与制度的双重约束下,行动者与治理系统之间会开展多重动态博弈,在博弈过程中,会有生态、经济、社会等多方面的产出,森林生态-经济系统也会发生演化。

行动者与治理系统为达成集体行动而进行多重博弈时会主要考虑如下因素:第一,制度安排与制度变迁是其中的一个重要因素(翁潮 等,2019)。林业发展制度背景都是复杂的,而且会随着时间的推移而变动,只靠一两次的努力甚至是几次的努力就想使规则准确无误几乎是不可能的。为此,中国集体林权制度改革进程中,经历了多阶段的调整和完善,一套比较适合中国国情的林权制度才得以建立。第二,承诺与监督成本也是博弈双方考虑的关键因素。以对非法采伐林木的监督为例,不仅给监督者带来了私人利益,也为他人带来了共同利益(奥斯特罗姆,2012)。当预期的制裁相对低时,有些人就会通过违反规则来获取巨大收益,比如在日本山冈或瑞士非法采伐林木也可获得相当可观的收入。在中国,虽有林业执法人员,也有相关制度约束,但罚金较低,这导致监督效果大打折扣。第三,林地流转量越大,越容易促进森林规模经营和集体行动的形成。因此,林权流转规章制度等也是博弈双方会考虑的因素,因为制度可以对集体行动进行规范。

第四节 基本假设与演化博弈模型建立

一、演化博弈模型的基本假设

演化博弈论基于有限理性假说,认为:博弈双方在不破坏生态环境的前提下追求自身的经济利益最大化;为实现自身的利益诉求,博弈双方会根据不同情景进行博弈,所采取的合作手段也会不断演化和调整(刘璨,2020),从而形成最优决策。可见,在博弈过程中,博弈双方的行为选择处于不断的调整和变化中,最终趋向于局部稳定。基于此,本节构建森林资源行动者与治理系统合作行动的演化博弈模型,模型的基本假设如下。

(1)行动者、治理系统的行为策略包括合作与不合作两种。行动者不合作行为表现为在森林经营过程中追求经济利益最大化,忽略森林生态系统的最大承载力,进而偏离森林生态与林业经济协同发展的目标。治理系统的不合作行为表现为面对毁林、森林退化、乱砍滥伐等问题时缺乏治理手段及监督机制。行动者和治理系统的合作行为表现为双方以森林资源保护为目标,在合作时,优先考虑森林资源环境保护,在此前提下追求经济利益最大化。

(2)根据博弈主体的不同目标,假设 R_1 为行动者参与森林经营并进行保护的经济收益,包括林产品和木材收益;R 为行动者参与森林经营但未进行保护而增加的经济收益;R_2 为治理系统对森林经营活动进行管理获得的生态效益、社会效益;C_1 为行动者参与森林经营所投入的成本,包括造林成本、抚育成本、采伐成本以及化肥、农药、用工数等生产性投入成本;C_2 为治理系统对行动者所进行的森林经营活动缺乏管理和监督而造成的森林退化、乱砍滥伐等方面的损失;C_3 为行动者在森林经营过程中未考虑树种多样性、种植密度、采伐期合理性而造成的生态与经济损失;p 表示治理系统对于行动者在森林经营中违反相关规定而进行惩罚的概率,C_4 表示罚金;C_5 为治理系统规范行动者森林经营行为所制定的制度和相应的监督成本,即解决冲突机制的成本(苏蕾 等,2020)。具体见表 8-2。

表 8-2 主要指标和参数定义

符号	定义
R_1	行动者参与森林经营并进行保护的经济收益,包括林产品和木材收益
R	行动者参与森林经营但未进行保护而增加的经济收益
R_2	治理系统对森林经营活动进行管理所获得的生态效益、社会效益
C_1	行动者参与森林经营所投入的成本,包括造林成本、抚育成本、采伐成本以及化肥、农药、用工数等生产性投入成本
C_2	治理系统对行动者所进行的森林经营活动缺乏管理和监督而造成的森林退化、乱砍滥伐等方面的损失
C_3	行动者在森林经营过程中未考虑树种多样性、种植密度、采伐期合理性而造成的生态与经济损失
C_4	行动者在森林经营中因违反相关规定而需要缴纳的罚金
C_5	治理系统为规范行动者森林经营行为所制定的制度和相应的监督成本
p	治理系统对于行动者在森林经营中违反相关规定而进行惩罚的概率

行动者、森林治理系统的博弈收益矩阵见表 8-3。

表 8-3　行动者、森林治理系统的博弈收益矩阵

项目	治理系统(监管)	治理系统(不监管)
行动者(保护)	$R_1-C_1-C_3, R_2-C_5$	$R_1-C_1-C_3, R_2-C_2$
行动者(不保护)	$R_1+R-C_1-pC_4, R_2+pC_4-C_5$	R_1+R-C_1, R_2-C_2

二、演化博弈模型构建

假设行动者 A 选择参与森林资源治理合作的概率为 $x(0 \leqslant x \leqslant 1)$，不参与森林资源治理合作的概率为 $1-x$；假设治理系统选择参与森林资源治理合作的概率为 $y(0 \leqslant y \leqslant 1)$，不参与森林资源治理合作的概率 $1-y$。根据前文提出的模型假设，本书用复制动态方程模拟博弈双方在有限理性条件下的森林资源治理合作策略的重复博弈过程，具体如下。

行动者选择森林资源治理合作和不合作的期望收益分别为 U_1 和 U_2，平均期望值为 $\overline{U}$，可用如下公式表达：

$$\begin{aligned} U_1 &= y(R_1-C_1-C_3)+(1-y)(R_1-C_1-C_3) \\ &= R_1-C_1-C_3 \end{aligned} \tag{8-1}$$

$$\begin{aligned} U_2 &= y(R_1+R-C_1-pC_4)+(1-y)(R_1+R-C_1) \\ &= -ypC_4+R_1+R-C_1 \end{aligned} \tag{8-2}$$

$$\begin{aligned} \overline{U} &= xU_1+(1-x)U_2 \\ &= -xC_3-ypC_4+R_1+R-C_1+xypC_4-xR \end{aligned} \tag{8-3}$$

治理系统选择森林资源治理合作和不合作的期望收益分别为 V_1 和 V_2，平均期望值为 $\overline{V}$，可用如下公式表达：

$$\begin{aligned} V_1 &= x(R_2-C_5)+(1-x)(R_2+pC_4-C_5) \\ &= R_2+pC_4-C_5-xpC_4 \end{aligned} \tag{8-4}$$

$$V_2 = x(R_2 - C_2) + (1-x)(R_2 - C_2)$$
$$= R_2 - C_2 \tag{8-5}$$
$$\overline{V} = yV_1 + (1-y)V_2$$
$$= ypC_4 - yC_5 - xypC_4 + R_2 - C_2 + yC_2 \tag{8-6}$$

行动者选择合作策略的概率 x 关于时间 t 的演化博弈复制动态方程为：

$$F(x) = \frac{\mathrm{d}x}{\mathrm{d}t} = x(U_1 - \overline{U}) = x(x-1)(C_3 + R - ypC_4) \tag{8-7}$$

治理系统选择合作策略的概率 y 关于时间 t 的演化博弈复制动态方程为：

$$F(y) = \frac{\mathrm{d}y}{\mathrm{d}t} = y(V_1 - \overline{V}) = y(y-1)(xpC_4 + C_5 - pC_4 - C_2) \tag{8-8}$$

行动者和治理系统的复制动态方程组成了双方的博弈复制动态系统。

为求系统的平衡点，当

$$\begin{cases} \dfrac{\mathrm{d}x}{\mathrm{d}t} = 0 \\ \dfrac{\mathrm{d}y}{\mathrm{d}t} = 0 \end{cases}$$

即

$$\begin{cases} x(x-1)(C_3 + R - ypC_4) = 0 \\ y(y-1)(xpC_4 + C_5 - pC_4 - C_2) = 0 \end{cases}$$

可求得系统的平衡点为：$(0,0),(1,0),(0,1),(1,1),\left(\dfrac{pC_4 + C_2 - C_5}{pC_4}, \dfrac{C_3 + R}{pC_4}\right)$

第五节 博弈系统平衡点和演化稳定策略参数

本书通过构建雅克比矩阵,分析演化博弈系统中各平衡点的稳定性,当平衡点的雅克比矩阵行列式 $\det J > 0$ 且 $\mathrm{tr} J < 0$ 时,表明平均衡点是局部稳定的。$\det J$ 和 $\mathrm{tr} J$ 的表达式如下。

$$\det J = \begin{vmatrix} \dfrac{\partial}{\partial x}\left(\dfrac{\mathrm{d}x}{\mathrm{d}t}\right) & \dfrac{\partial}{\partial y}\left(\dfrac{\mathrm{d}x}{\mathrm{d}t}\right) \\ \dfrac{\partial}{\partial x}\left(\dfrac{\mathrm{d}y}{\mathrm{d}t}\right) & \dfrac{\partial}{\partial y}\left(\dfrac{\mathrm{d}y}{\mathrm{d}t}\right) \end{vmatrix}$$

$$= \begin{vmatrix} (2x-1)(C_3+R-ypC_4) & -x(x-1)pC_4 \\ y(y-1)pC_4 & (2y-1)(xpC_4+C_5-pC_4-C_2) \end{vmatrix}$$

$$\mathrm{tr} J = (2x-1)(C_3+R-ypC_4) + (2y-1)(xpC_4+C_5-pC_4-C_2)$$

雅克比矩阵在各个均衡点的行列式和迹如表 8-4 和表 8-5 所示。

表 8-4 雅克比矩阵在各个均衡点的行列式

均衡点	$\det J$
$(0,0)$	$(R+C_3)(C_5-pC_4-C_2)$
$(0,1)$	$(R+C_3-pC_4)(pC_4+C_2-C_5)$
$(1,0)$	$(R+C_3)(C_2-C_5)$
$(1,1)$	$(R+C_3-pC_4)(C_2-C_5)$
$\left(\dfrac{pC_4+C_2-C_5}{pC_4}, \dfrac{C_3+R}{pC_4}\right)$	$\dfrac{(pC_4+C_2-C_5)(C_2-C_5)(R+C_3)(R+C_3-pC_4)}{(pC_4)^2}$

表 8-5　雅克比矩阵在各个均衡点的迹

均衡点	tr$J$
(0,0)	$-(R+C_3)-(C_5-pC_4-C_2)$
(0,1)	$-(R+C_3-pC_4)-(pC_4+C_2-C_5)$
(1,0)	$(R+C_3)+(C_2-C_5)$
(1,1)	$(R+C_3-pC_4)-(C_2-C_5)$
$\left(\dfrac{pC_4+C_2-C_5}{pC_4},\dfrac{C_3+R}{pC_4}\right)$	0

第一,当满足条件 $C_5>pC_4+C_2$ 和 $R+C_3<pC_4$ 时,各均衡点的稳定性分析结果如表 8-6 所示。此时,博弈系统的演化稳定策略为(不保护,不监管),这可能导致森林资源的持续恶化。治理系统会衡量政策制定及实施的成本,从而决定是否实施政策对行动者进行监管(陈卫洪,2019)。

表 8-6　均衡点稳定性情况

均衡点	det$J$	tr$J$	稳定性
(0,0)	+	−	稳定
(0,1)	+	+	不稳定
(1,0)	−	不确定	鞍点
(1,1)	−	不确定	鞍点

第二,当满足条件 $C_5<pC_4+C_2$、$R+C_3>pC_4$、$C_5<C_2$ 时,各均衡点的稳定性分析结果如表 8-7 所示。此时,博弈系统的演化稳定策略为(不保护,监管),治理系统通过监督机制增强行动者保护森林资源的自觉性。

表 8-7　均衡点稳定性情况

均衡点	det$J$	tr$J$	稳定性
(0,0)	−	不确定	鞍点
(0,1)	+	−	稳定

续表

均衡点	detJ	trJ	稳定性
(1,0)	+	+	不稳定
(1,1)	−	不确定	鞍点

第三,当满足条件 $C_5<pC_4+C_2$,$R+C_3<pC_4$ 时,各均衡点的稳定性分析结果如表 8-8 所示,即博弈系统中不存在任何演化稳定策略。

表 8-8 均衡点稳定性情况

均衡点	detJ	trJ	稳定性
(0,0)	−	不确定	鞍点
(0,1)	−	不确定	鞍点
(1,0)	+	不确定	鞍点
(1,1)	+	不确定	鞍点
(x^*,y^*)		0	中心点

根据复制动态系统方程可知,$F'(x)=(2x-1)(C_3+R-ypC_4)$。当 $y>y^*$ 时,则 $F'(1)<0$、$F'(0)>0$、$x=1$ 为稳定的策略,此时行动者选择支持森林保护的稳定策略,演化相位图如图 8-2(a)所示。当 $y<y^*$ 时,则 $F'(1)>0$、$F'(0)<0$、$x=0$ 为稳定的策略,此时行动者选择不支持森林保护的稳定策略,演化相位图如图 8-2(b)所示。同理,$F'(y)=(2y-1)(xpC_4+C_5-pC_4-C_2)$。当 $x>x^*$ 时,则 $F'(0)<0$、$F'(1)>0$、$y=0$ 为稳定的策略,即当博弈系统达到稳定状态时,治理系统选择对行动者森林保护情况进行监管的稳定策略,演化相位图如图 8-2(c)所示。当 $x<x^*$ 时,则 $F'(0)>0$、$F'(1)<0$、$y=1$ 为稳定的策略,即当博弈系统达到稳定状态时,治理系统选择对行动者森林保护情况进行监管的稳定策略,演化相位图如图 8-2(d)所示。综上所述,可将博弈系统的演化相位图集中在一个坐标轴中,如图 8-3 所示。

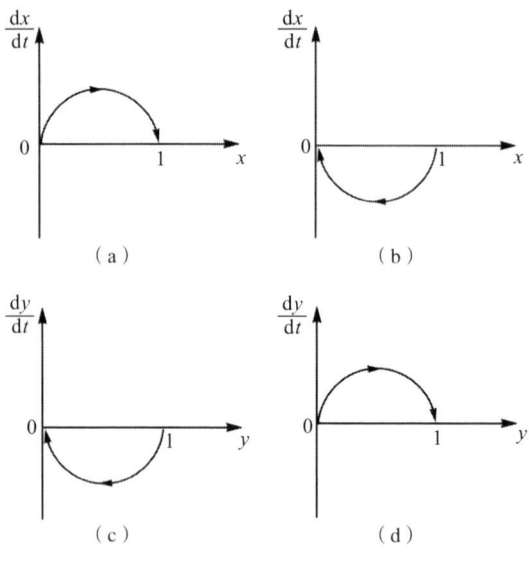

图 8-2　演化相位图

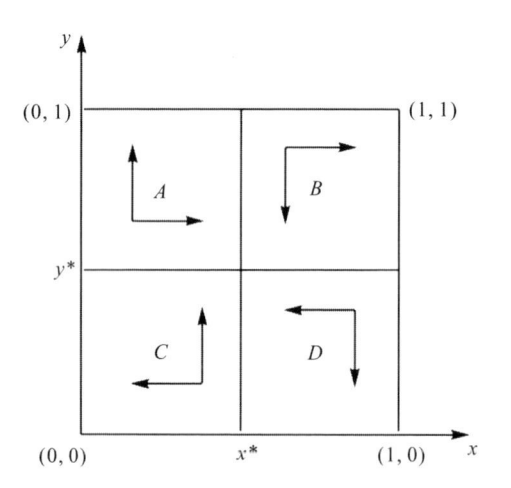

图 8-3　博弈系统的演化相位图

第六节 动态演化博弈结果分析

本书基于森林资源行动者与治理系统在博弈时考虑的主要因素,构建行动者与治理系统合作行动的演化博弈模型,分析了博弈双方演化稳定策略的走向及收敛趋势,并对博弈系统各均衡点稳定策略的参数进行讨论。结果如下:(1)当参数满足条件 $C_5>pC_4+C_2$、$R+C_3<pC_4$ 时,博弈系统的演化稳定策略为(不保护,不监管),可能导致森林资源的持续恶化;(2)当参数满足条件 $C_5<pC_4+C_2$、$R+C_3>pC_4$、$C_5<C_2$ 时,博弈系统的演化稳定策略为(不保护,监管),此时治理系统应加强监督,增强行动者保护森林资源的自觉性;(3)当参数满足条件 $C_5<pC_4+C_2$、$R+C_3<pC_4$ 时,博弈系统中不存在任何演化稳定策略。

基于以上分析结果可知,在不同的条件下,博弈系统的稳定策略有所不同。治理系统的监督政策、监督机制、监督成本、惩罚概率、惩罚金额等,以及行动者不执行森林保护政策所获得的额外收益或因执行森林保护政策而承受的经济损失等因素,都会影响博弈系统的演化方向,进而影响森林资源供给的稳定性以及森林生态效益、社会效益和经济效益的实现。

第七节 本章小结

行动者和治理系统之间的演化博弈会深刻影响森林资源经营模式和治理效率。推进森林经营的行动者和治理系统形成集体行动,有助于增加生态资源总量,大幅度提升生态资源系统的质量,着力提升林地生产力,促使生态系统产生更优质的生态产品。可从以下几个路径促进行动者和治理系统达成集体行动：一是构建多方沟通、多元参与的森林资源治理模式，组建治理系统与行动者的同盟。治理系统提供森林经营成功案例和资金，行动者参与政策的实践过程，以此夯实同盟群体的权利资源。治理系统与行动者合作起来，精准提升森林资源质量，针对不同类型、不同发育阶段的林分特征，科学采取抚育间伐、补植补造等措施，逐步解决林分过密、过疏等结构不合理问题。二是坚持严格落实生态保护制度和建立冲突解决机制。坚持在保护中发展、在发展中保护，实现森林生态与林业经济的协同发展。推动行动者和治理系统通过低成本解决林权纠纷，严厉打击乱砍滥伐、毁林开垦、非法占用林地等各种破坏生态资源的违法犯罪行为。三是制定森林经营实施方案。行动者结合治理系统的要求以及在具体森林经营中所积累的经验、有效信息，制定具备可操作性、与政策发展目标相一致的森林经营方案，积极参与政策的制定和实践过程，提升集体的决策水平。此外，还可通过积极推进社会造林，减少投入的成本。比如：深入开展全民义务植树；落实好造林绿化、抚育管护、自然保护、认种认养、志愿服务等义务植树尽责形式；深入推进"互联网＋全民义务植树"行动，鼓励和引导社会各界积极履行植树责任，营造全民参与义务植树的良好氛围；积极发展造林主体混合所有制，推动国有林场林区与企业、林业新型主体开展多种形式的场外合作造林和森林保育经营，有效盘活林木资源资产。

第九章 森林生态-经济系统协同发展的动态耦合分析

通过上一章对森林生态-经济系统中行动者与治理系统在博弈过程中的演化稳定策略走向及收敛趋势的分析可知，应通过治理系统与行动者形成的集体行动，在合理的监督制度下，实现森林资源最大程度的稳定供给，进而实现森林生态效益、社会效益和经济效益协调发展。可见，森林生态-经济系统是一个特定的变动系统，而系统协调是建立在系统内部各要素间的相互作用、相互促进及均衡发展上的。考虑到森林生态-经济系统协调发展会受到众多自然因素与经济因素的共同影响，各个组成部分具有较强的复杂性和不确定性，有必要对森林生态-经济系统协同发展进行动态耦合分析，以便对森林生态-经济系统协同发展的阶段进行量化处理和判断。

在森林生态-经济系统协同发展机理的基础上建立耦合系统动态模型，是进一步判别耦合系统协同发展状态的关键，也是进一步建立判别模型和指标体系，以及进行森林生态-经济耦合动态分析的关键。对森林生态-经济系统的研究往往涉及学科交叉、多元化等复杂问题，主要利用投入产出计量经济模型、系统动力学方法、非线性动态优化模型、景观生态模型、热力学第二定律模型、模拟-优化模型等来分析森林生态-经济系统模型。本章根据 SES 分析框架特征选取指标，基于 2003—2019 年浙江省森林生态-经济系统 17 个指标数据，运用森林生态-经济系统综合发展指数、耦合协调度模型，分别对森林生态系统、林业经济系统的耦合情况进行测度分析，并对浙江省森林生态-经济系统协同发展的阶段进行判别。

第一节　森林生态-经济系统动态耦合模型的构建

一、数据处理

在建立森林生态-经济系统动态耦合模型的过程中,需要考虑到综合系统的评价指标所具有的正、负功效。为了使最终结果在科学层面上更加客观,有必要对所有指标的原始数据进行标准化,使消除差异后的指标变成同量纲的值。设 u_{ij} 为森林生态-经济耦合系统评价指标 $x_{ij}(i=1,2;j=1,2,\cdots,m)$ 标准化处理后的值,a_{ij}、b_{ij} 为系统稳定临界点上的序参量的上、下限值。根据指标性质设置的不同,将二级指标分为正功效和负功效两大类,运用极差变化法对原始数据进行标准化处理,则森林生态-经济系统对系统有序的功效可表示为:

$$u_{ij} \text{ 具有正功效}: u_{ij}=\frac{x_{ij}-b_{ij}}{a_{ij}-b_{ij}} \tag{9-1}$$

$$u_{ij} \text{ 具有负功效}: u_{ij}=\frac{a_{ij}-x_{ij}}{a_{ij}-b_{ij}} \tag{9-2}$$

易知,$0 \leqslant u_{ij} \leqslant 1$。当 $u_{ij}=0$ 时,表示指标对系统作用的贡献最小;当 $u_{ij}=1$ 时,表示指标对系统作用的贡献最大。

作为森林生态-经济耦合系统的两个子系统,森林生态系统与林业经济系统之间具有相互作用,各指标权重之和为两个子系统对总系统有序度所作出的总贡献。

$$U_i=\sum_{i=1}^{n} \lambda_{ij} u_{ij} \tag{9-3}$$

式(9-3)中:U_i 为子系统有序度对总系统所作出的贡献,是指森林生态子系统综合发展指数、林业经济子系统综合发展指数；λ_{ij} 为各个指标的权重，$\sum_{i=1}^{n}\lambda_{ij}=1$，$\lambda_{ij} \geqslant 0$；$u_{ij}$ 为变量 x_{ij} 对系统的功效贡献大小。易知，$0 \leqslant u_{ij} \leqslant 1$。当 $u_{ij}=0$ 时，表示各指标对系统作用的效果最差；当 $u_{ij}=1$ 时，表示各指标对系统作用的效果最好。

二、森林生态-经济系统动态耦合度函数模型

借鉴物理学中的容量耦合概念及容量耦合系数模型，可以得到森林生态系统与林业经济系统的耦合度函数为：

$$C = 2\sqrt{\frac{U_1 U_2}{(U_1 + U_2)^2}} \tag{9-4}$$

式中：C 为耦合度；U_1 为森林生态子系统综合发展指数；U_2 为林业经济子系统综合发展指数。由于 $(U_1+U_2)^2 \geqslant 4U_1U_2$，所以 $0 \leqslant C \leqslant 1$。

森林生态-经济系统耦合度的等级划分及解释如表 9-1 所示。

表 9-1　森林生态-经济系统耦合度等级划分及解释

耦合度	耦合水平	解释
$C=0$	完全不耦合	森林生态-经济系统中的两个子系统完全不关联，子系统朝着无序方向发展，这不符合森林生态-经济系统的耦合特性
$0<C \leqslant 0.3$	低度耦合	森林生态-经济系统中的两个子系统处于低水平耦合状态，表现为林业经济发展水平较为低下，但森林生态系统在自然演替规律作用下可自行修复
$0.3<C \leqslant 0.5$	拮抗耦合	林业经济发展迅猛，森林资源被过度使用，且出现粗放式森林经营、林业产业结构不合理等问题，从而对森林生态系统承载力造成一定的压力，两个子系统在发展过程中产生拮抗作用

续表

耦合度	耦合水平	解释
0.5<C≤0.8	磨合耦合	林业产业的发展对森林生态的破坏程度逼近其至超过生态环境阈值,并在阈值附近来回波动震荡,导致林业经济发展速度减缓,但林业产业结构逐渐优化,两个子系统处于不断的磨合中
0.8<C<1.0	高度耦合	通过前期的磨合,林业产业结构得到进一步优化调整,林业生产能力得到改善,森林生态系统基本恢复,两个子系统的矛盾基本消除,并相互促进协调发展
C=1	极度耦合	森林生态-经济系统中两个子系统的目标完全一致,即在保护好森林生态系统的前提下,实现森林资源价值最大化和林业经济可持续发展

三、森林生态经济耦合协调度函数

本书使用耦合度 C 来表示森林生态-经济系统耦合程度,用于判别森林生态子系统和林业经济子系统之间的耦合状态。耦合度对于分析子系统之间的耦合强度与子系统的耦合状态具有预测作用。但系统稳定性临界点序参量的上下限多根据基准年期值和发展规划值的区域差异来选择,这使得通过存在异质性的数据计算得到的耦合度难以反映系统整体的功效和协同效应。因此,可引入森林生态-经济系统综合调和指数,构建森林生态经济耦合协调度函数,这有助于确定系统整体的耦合协调程度(徐端阳,2014;王静 等,2017)。

森林生态系统与林业经济系统的耦合协调度函数为:

$$D = (C \times T)^{\frac{1}{2}}$$
$$T = aU_1 + bU_2 \quad (9-5)$$

式中: D 为森林生态系统与林业经济系统的耦合协调度; T 为森林生态系统与林业经济系统的综合调和指数,表示整体协同效应,$0<T<1$; a、b 为待定系数。

耦合协调度 D 的等级划分如表 9-2 所示（徐端阳，2014；王静，2017；王光菊，2020）。

表 9-2 耦合协调度 D 等级划分

耦合协调度	$0<D\leqslant0.4$	$0.4<D\leqslant0.5$	$0.5<D\leqslant0.8$	$0.8<D<1.0$
耦合协调度等级	低度协调耦合	中度协调耦合	高度协调耦合	极度协调耦合

第二节 森林生态-经济系统耦合发展评价体系的建立

在研究森林生态系统与林业经济系统的关系时，可参考物理学中的容量耦合概念和容量耦合系数模型，综合得出森林生态-经济系统耦合函数，计算出森林生态-经济系统耦合度，再引入耦合协调度观念，根据耦合协调度等级划分表中的信息，判别森林生态-经济系统耦合发展程度，使研究结论更具指导性和实用性。

一、评价指标体系

通过前文基于 SES 分析框架和自主治理理论对森林生态-经济系统协同发展的二级变量的分析可知，在评价指标的选取上要能够显示森林资源的变动情况，展现生态、经济、社会三者之间的互动关系。本书关于评价指标选取的思路是在森林生态-经济系统二级变量的基础上作进一步延伸，使指标更加具体化和具有可操作性，增强指标的可获得性，突出森林生态-经济系统耦合发展状况。在森林生态子系统指标的选取上，主要考虑生态效益、经济效益和社会效益等方面内容，再按照森林生态-经济系统协同发展二级变量的系统分析思路和设计原则，对这三个方面的内容再进一步细化。

在构建森林生态-经济系统耦合发展评价指标体系时,既要全面考量科学性、系统性与可获得性原则,还要体现森林生态-经济系统的基本含义与特点,以反映耦合系统的动态性和开放性,使所选取的指标能从多维角度对耦合系统的结构、功能和目标进行准确测度和分析。为充分反映森林生态-经济系统耦合协调程度,本书根据 SES 分析框架的特征,对各系统的构成要素、功能和目标进行划分,在此基础上,选取了 4 个一级指标、17 个二级指标作为森林生态-经济系统耦合发展评价指标(详见表 9-3)。权重的测定方法使用专家赋分法。

表 9-3　森林生态-经济系统耦合发展评价指标体系

项目	一级指标	权重	二级指标	权重
森林生态系统综合发展指标 A	森林资源系统规模 A_1	0.6	森林蓄积量 A_{11}/亿立方米	0.33
			造林面积 A_{12}/万公顷	0.17
			森林覆盖率 A_{13}/%	0.36
			森林面积 A_{14}/公顷	0.14
	森林资源类型 A_2	0.4	天然林面积 A_{21}/万公顷	0.35
			人工林面积 A_{22}/万公顷	0.30
			自然保护区面积 A_{23}/万公顷	0.15
			防护林面积 A_{24}/万公顷	0.20
林业经济系统综合发展指标 B	林业产业演化趋势 B_1	0.7	林业第一产业比重 B_{11}/%	0.08
			林业第二产业比重 B_{12}/%	0.16
			林业第三产业比重 B_{13}/%	0.36
			年保肥量 B_{14}/亿元	0.06
			年涵养水源量 B_{15}/亿元	0.06
			年固土量 B_{16}/亿元	0.06
			森林旅游收入 B_{17}/亿元	0.22
	森林资源治理 B_2	0.3	林业病虫害防治率 B_{21}/%	0.64
			森林火灾受害率 B_{22}/%	0.36

二、部分指标解释

下面对表 9-3 中一些关键的二级指标进行解释。

1.森林资源系统规模(A_1)

森林蓄积量(A_{11})即木材蓄积量,代表以亿立方米为计算单位的给定林区内存活林木的材积累计总和,是反映森林资源丰富度和判断森林生态环境质量的重要指标依据。森林覆盖率(A_{13})是反映国家或地区绿化规模、资源量与生态环境水平的指标,也是确定森林资源开发配额的一项重要依据,计算公式可表示为:森林覆盖率=森林面积/土地面积×100%。

森林面积(A_{14})指自然生长或人工种植形成的,原地高度在 5 米以上的直立树木覆盖土地的面积。此处主要指以乔木树种为主且郁闭度至少为 0.2 的林地的面积。

2.森林资源类型(A_2)

天然林面积(A_{21})主要指自然形成或经过人为促进自然更新形成的森林面积。天然林是自然界中最稳定、生物多样性最丰富的陆地生态系统。

人工林面积(A_{22})主要指起源于按人类活动要求和目的所营造的森林的面积,大致可分为人工用材林、人工薪炭林、人工经济林以及人工防护林等。

自然保护区面积(A_{23})是指依照法律规定,对具有代表性的自然生态系统、珍稀濒危野生动植物物种和特别重要的自然遗迹集中分布的陆地、内陆水域或海洋区域给予特殊保护管理的区域面积。

防护林面积(A_{24})一般指用于水土保持、吸收污染物、涵养水源、防风固沙、调节气候等的天然林与人工林的面积之和。

3.林业产业演化趋势(B_1)

年保肥量(B_{14})指采取保持土壤肥力措施的森林土壤的面积。

年涵养水源量(B_{15})是指森林通过阻隔、储存和吸收降水,减少蒸发,补充地下水,减缓地表径流而形成的效益。该指标一般以土壤为对象来测算,具体计算公式为:涵养水源效益＝森林面积×降水贮存量×水价。

年固土量(B_{16})指采取防沙治沙、减少土壤侵蚀、水土流失等保护措施的森林土壤面积。

森林旅游收入(B_{17})指一年内以森林生态环境和林地资源为依托开展的一系列游憩活动(如野营、康养、探险等)所取得的收入总和。

4.森林资源治理(B_2)

森林火灾受害率(B_{21})用受火灾的森林面积占林地面积的百分比来表示,即森林火灾受害率＝受火灾的森林面积/有林地面积×100％。

林业病虫害防治率(B_{22})用森林病虫害防治面积占发生病虫害的森林面积的百分比表示,即林业病虫害防治率＝森林防治病虫害的面积/发生病虫害的森林面积×100％。

三、指标体系权重计算方法

在对森林生态-经济系统协同发展进行耦合动态分析时,主要是对森林生态-经济系统的评价指标进行分析。本书提出的评价指标包含了4个一级指标和17个二级指标,大致上可分为森林生态系统指标和森林经济系统指标两大类,二者对森林生态-经济系统协同发展的影响程度差异较大,因此,根本无法对每个二级指标都赋予均等的权重,但对指标权重的赋予将直接影响到最终的实证结果。基于上述问题,本书决定参考学者们所使用过的方法。相关学者对森林生态-经济系统协同发展指标权重的计算方法主要有主观赋权法和客观赋权法。

使用主观赋权法对指标权重进行计算时往往容易牵涉主观因素,使实证结果产生一定的误差。主观赋权法主要包括专家调查法、层次分析法、最小平方法等,其中,层次分析法因为能够对问题进行深层次剖析,适用于解决复杂的决策问题,所以使用范围最为广泛。该方法通过将原始指标数据进行分层,再对分层处理后的数据进行分析,具体步骤如下。

(1)建立递接层次结构。首先要明确目标,确定各系统中的各个指标并充分认识指标之间的关系;其次,将指标进行有效的联系,建立递阶层次结构。

(2)构建判断矩阵并赋值。将所有指标在矩阵中进行排列,将总指标放在矩阵的第一个,将其下属的指标依次放在后面的行和列中。对于如何填写矩阵中的指标,要参考专家的意见,将每两个指标进行对比,并按照一定的标准进行排列(王静 等,2018)。可参考如表9-4所示的重要性标度含义对指标进行排列。

表9-4 重要性标度含义

重要性标度 a_{ij}	含义(将 i、j 两个元素的重要性进行对比)
1	前者 i 和后者 j 具有同等重要性
3	前者 i 比后者 j 稍重要
5	前者 i 比后者 j 明显重要
7	前者 i 比后者 j 重要很多
9	前者 i 比后者 j 极端重要
2,4,6,8	表示位于以上重要性标度之间时对应的标度值
以上标度值的倒数	若元素 i 与元素 j 重要性之比为 a_{ij},则元素 ji 与元素 i 重要性之比为 $a_{ji}=\dfrac{1}{a_{ij}}$

在对指标排序时要考虑每一个指标的重要性,也就是要计算权重。可采用特征根法,具体计算步骤如下。

第一步，计算判别矩阵每一行指标的乘积，公式如下：

$$M_i = \prod_{j=1}^{n} a_{ij} \tag{9-6}$$

其中：M_i 为第 i 行各指标的乘积；a_{ij} 为第 i 个指标与第 j 个指标的关系比值。

第二步，计算 M_i 的 n 次方根，公式如下：

$$W_i = \sqrt[n]{M_i} \tag{9-7}$$

其中：W_i 为第 i 行各指标乘积的 n 次方根；M_i 为第 i 行各指标的乘积。

第三步，对向量进行正规化（归一化）处理，公式如下：

$$\overline{W_i} = \frac{W_i}{\sum_{i=1}^{n} W_i} \tag{9-8}$$

其中：$\overline{W_i}$ 为第 i 个特征向量；W_i 为第 i 行各指标乘积的 n 次方根。

第四步，计算判别矩阵的特征根，公式如下：

$$\lambda_i = \sum_{j=1}^{n} a_{ij} \overline{W_i} \tag{9-9}$$

其中：λ_i 为第 i 个特征根；a_{ij} 为第 i 个指标与第 j 个指标的比值；$\overline{W_i}$ 为第 j 个特征向量。

第五步，计算判别矩阵的最大特征根，公式如下：

$$\lambda_{\max} = \sum_{i=1}^{n} \frac{\lambda_i}{n \times \overrightarrow{W_i}} \tag{9-10}$$

其中：$\lambda_{\max}$ 为最大特征根；λ_i 为特征根；n 为判别矩阵的阶数；$\overrightarrow{W_i}$ 为第 i 个特征向量。

第六步，一致性检验，具体如下。

在对指标进行排序时，要判断排序是否一致，进而判断排序方法是否合理，只有证明方法合理之后才能进行进一步的分析。一致性检验具体分以下三个步骤。

(1)计算一致性指标 C.I.,公式如下:

$$\text{C.I.} = \frac{\lambda_{\max} - n}{n - 1} \tag{9-11}$$

(2)确定平均随机一致性指标 R.I.,公式如下:

按照各个判断矩阵的不同阶数(即 n)查表,确定相应的平均随机一致性指标 R.I.。

(3)计算一致性比例 C.R.并进行判断,公式如下:

$$\text{C.R.} = \frac{\text{C.I.}}{\text{R.I.}} \tag{9-12}$$

当 C.R.＜1 时,一致性达到标准,关系是合理的;当 C.R.≥1 时,说明一致性存在问题,关系不合理。

客观赋权法主要包括变异系数法和熵值法等,是指以客观实际数据为基础,运用数学方法对数据进行客观分析。使用这种方法时,最后结果的误差相对较小,但数据处理过程较为烦琐,行为主体参与性较差(谢佩佩,2020)。值得一提的是,前文提到对二级指标数据分析前要先将指标数据进行标准化处理,使指标变成同量纲的值。而变异系数法的特点就是变异系数本身就是无量纲量,可直接用于比较量纲不同的指标数据。使用该方法时的计算步骤如下:

(1)各项指标的变异系数公式如下:

$$v_i = \frac{\delta_i}{\overline{x_i}} (i = 1, 2, \cdots, n) \tag{9-13}$$

其中:v_i 是第 i 项指标的变异系数,δ_i 是标准化后第 i 项指标的标准差,$\overline{x_i}$ 是标准化后第 i 项指标的平均数。

(2)各项指标权重计算公式如下:

$$w_i = \frac{v_i}{\sum\limits_{i=1}^{n} v_i} (i = 1, 2, \cdots, n) \tag{9-14}$$

式中：w_i 为第 i 项指标的权重值。

三、数据来源

基于本书所选取的案例村数据来自福建，因此本章优先选取福建的数据，但因本章所涉及指标的数据在福建省无法收集齐全，而在作为数字林业建设示范省的浙江省可收集齐全，所以考虑使用浙江省的数据。而且，浙江省与福建省毗邻，两省气候均属于亚热带湿润季风气候，因此，两省森林资源特征与发展模式存在相似之处：一是两省森林资源特征相似。浙江素有"七山一水两分田"之称，福建素有"八山一水一分田"之称。两省的共同点是山多、林多，林业产业比重高、贡献率大，生态因林而好，林农因林而富，产业因林而强。两省不仅均为南方重点集体林区，也是我国东南沿海地区重要的生态屏障，森林覆盖率位居全国前列，是全国集体林权制度改革的先行试点省份。二是两省林业发展模式相似。比如，扎实做好"两山"转化文章，通过培育优质的林果、油茶等富民产业，优化森林生态环境，发展生态旅游和森林康养产业，推动森林生态功能价值实现。因此，本章选取 2003—2019 年浙江省森林发展的相关数据来进行研究，数据来源于《中国环境统计年鉴》、《中国林业统计年鉴》、《中国林业和草原统计年鉴》以及浙江省林业局官网。

第三节　森林生态-经济系统耦合发展判别

一、综合发展指数 U 值分析

根据式(9-3)可求得浙江省 2003—2019 年森林生态系统综合发展指数和林业经济系统综合发展指数,并可借此判断出两个指数的动态耦合演变趋势,如图 9-1 所示。

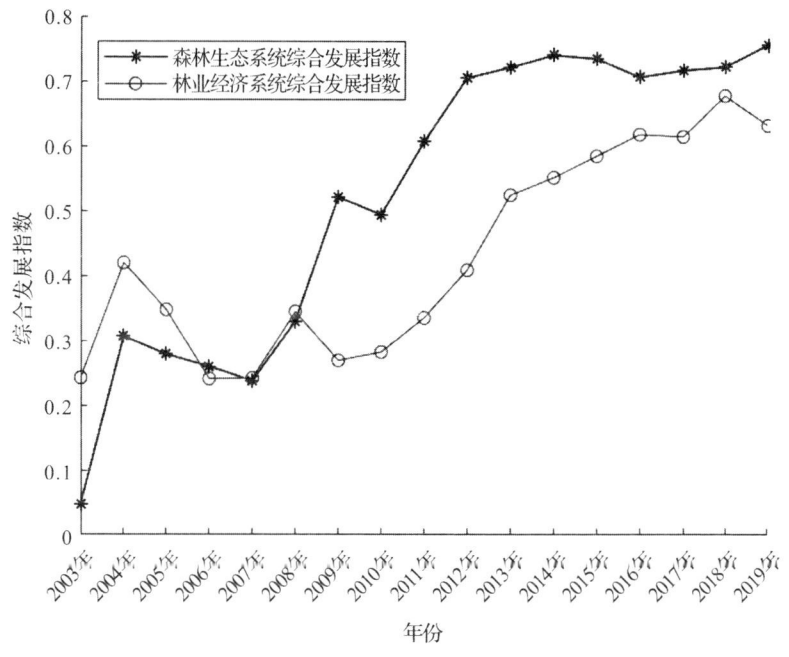

图 9-1　2003—2019 年浙江省森林生态系统综合发展指数
和林业经济系统综合发展指数动态耦合演变趋势

从图 9-1 可以看出,浙江省林业经济系统综合发展指数较低,均值约为

0.4。浙江省地处我国东南沿海,属于亚热带季风湿润气候区,降雨量丰富,植物繁多,森林资源丰富,森林覆盖率位居全国前列。然而,浙江省的生态安全也受到生活污水和废气排放量增加、资源过度开发等的严重威胁。浙江省森林生态系统综合发展指数平均值约为 0.5,稍大于林业经济系统综合发展指数。这是因为浙江省坚持深挖林业产业优化潜能,科学推进森林资源创新型应用,促使全省林业产业竞争力超过全国平均水平。2003—2008 年,浙江省林业经济实现快速发展,原因包括:浙江省针对林区、山区等贫困地区的扶贫工作范围和力度均持续增大,"最后一公里"的扶贫困境得到有力化解;大力实行退耕还林、林业公益补偿基金等政策措施,积极开展生态扶贫行动;深化集体林业体制改革,推进森林资源有效利用,合理开发林产品,持续提升林业产业结构;推动发展农林复合经营立体循环经济,实行绿色低碳生产方式;建设森林旅游示范基地,森林旅游收入显著增加。到 2019 年,浙江省森林生态安全已经上升至重要地位,同时,浙江省林业产业经济的发展是相对滞后的。这是由于浙江省积极响应国家政策,持续实行天然林保护工程及退耕还林工程,不断优化生态环境,逐步提高地区的生态恢复能力,人地矛盾得到缓和。此外,浙江省还设立了重点生态功能区,充分保护生物多样性。

  2003—2019 年,浙江省森林生态系合发展指数和林业经济系统综合发展指数的演变趋势总体表现为波动式上升。2003—2006 年,森林生态系统和林业经济系统综合发展指数的下降趋势均很明显,并且森林生态系统综合发展指数低于林业经济系统综合发展指数。2006—2007 年,森林生态系统统合发展指数和林业经济系统综合发展指数基本持平。2008—2019 年,森林生态系统综合发展指数远超过林业经济系统综合发展指数,而且,2008 年以后,浙江省森林生态系统比林业经济系统发展得更快。

二、耦合协调度 D 值分析

表 9-5 为 2003—2019 年浙江省森林生态-经济系统耦合发展判别的 D 值表。从表 9-5 可以看出,2003—2019 年,浙江省森林-生态经济系统的耦合协调度虽然出现波动,但总体是在上升的,从 0.30 增加到 0.83。浙江省森林生态-经济耦合系统的发展可分为四个阶段。第一阶段,D 值小于 0.49,属于低度协调耦合阶段。此阶段中,森林生态系统自身调节能力降低,林业发展动力不足。第二阶段,D 值在 0.49 到 0.59 之间,属于中度协调耦合和高度协调耦合阶段,但 D 值总体是呈现持续下降趋势。第三阶段,D 值在 0.57~0.63 这一区间内浮动,属于过渡阶段,森林生态-经济系统协调发展的互动效应不断增强。第四阶段,D 值在 0.63 以上,并逐年增加,属于高度协调耦合阶段,森林生态系统和林业经济系统相互协调的程度逐步提升,协同效应逐渐增强。

表 9-5　2003—2019 年浙江省森林生态-经济系统耦合发展判别的 D 值表

年份	D 值	耦合阶段	年份	D 值	耦合阶段
2003	0.30	低度协调耦合	2012	0.75	高度协调耦合
2004	0.59	高度协调耦合	2013	0.81	极度协调耦合
2005	0.55	高度协调耦合	2014	0.81	极度协调耦合
2006	0.50	中度协调耦合	2015	0.82	极度协调耦合
2007	0.49	中度协调耦合	2016	0.81	极度协调耦合
2008	0.57	高度协调耦合	2017	0.82	极度协调耦合
2009	0.63	高度协调耦合	2018	0.83	极度协调耦合
2010	0.63	高度协调耦合	2019	0.83	极度协调耦合
2011	0.69	高度协调耦合			

第四节　本章小结

首先,本章应用森林生态-经济系统动态耦合函数模型测算森林生态系统和林业经济系统之间的耦合程度情况,并引入模型正负功效和模型中各变量的具体含义,得出四个耦合协调度等级。其次,通过森林生态-经济系统动态耦合模型对浙江省森林生态-经济系统耦合的发展进行判别,构建了包括4个一级指标、17个二级指标的森林生态-经济系统耦合评价指标体系。最后,通过对浙江省森林生态-经济系统耦合关系进行实证分析,发现浙江省森林生态-经济系统耦合协调发展情况较好,总体上形成了协同效应,浙江省森林生态系统与林业经济系统进一步呈现高度耦合协调的趋势,这与浙江省森林生态-经济系统协调发展的实情相切合,也符合当前中国生态与经济协调发展的总体趋势。

第十章　森林生态-经济系统协同发展的案例

碳票是森林生态-经济系统中森林资源生态价值转化为经济价值的有效载体,也是森林生态-经济系统协同发展的具体实践。因此,本章以林业碳票为例,从森林资源变资产为资本、碳汇价值核算体系构建和碳票市场化运作三个方面对森林生态-经济系统价值实现机制进行分析。森林资源价值实现机制的本质是对森林碳汇赋利、赋权,使得碳票凭证具有交易、质押等权能,推动碳票融资等业务,实现碳票资本化,并在完善碳汇价值核算体系的基础上,对碎片化森林碳汇资源进行集中收储和规模整治,通过包装、定价、收储、售出,实现碳票市场化,促进森林生态效益和经济效益的有效转化。

第一节　案例来源

2005年,习近平总书记提出了"两山"理念。当前,生态产品价值实现是中国生态文明战略转型的关键措施,建立"两山"转化的可持续发展机制迫在眉睫。中国虽然拥有丰富的森林生态资源,但难以转化为相应的经济优势,因为生态资源具有生产周期长、正外部性强等特点,存在变现难、效益低等问题。针对这些问题,如何生产与经济发展相适应的森林生态产品,成为践行绿水青山就是金山银山理念、创新生态文明体制机制改革的核心问题。

2021年,福建省三明市开始试点探索碳票项目,为推进森林生态产品价值实现提供了可复制可推广的经验,并为探索森林生产产品价值实现路径提供了宝贵实践经验。通过借鉴"森林生态银行"分散化输入和集中式输出的模式,多部门联合建立碳资产管理公司,对森林碳汇资源进行摸底清算,并建立数据信息管理中心和碳汇资产评估中心,完成对森林碳资源的管理整合、市场化交易和可持续运营平台的搭建。通过对碎片化森林碳汇资源的集中化收储和规模化整治,将其转换成优质碳汇资产包,吸引有碳汇需求的企业和相关社会组织购买,通过标准化的碳资源管理体系和良好的运营体系,打通了"两山碳资产管理公司转化"的路径。

三明市作为南方重点集体林区,森林覆盖率很高,森林资源丰富,因此,在森林经营情况方面具有较强的代表性。而且,三明市是林业碳票政策实施的示范地,林业碳票改革走在全国前列,2021年,全国第一张林业碳票诞生于三明市将乐县常口村。因此,为了方便深入了解林业碳票项目发展情况,本书选取三明市作为研究区域,对其林业碳票项目进行调查研究。

20世纪80年代,三明市率先开始林改任务,从"分股不分山"到"分山到户",再到探索林长制、林业碳汇项目发展等,三明市逐步成为全国林业改革的一面旗帜。目前,三明市的森林质量在我国居于前列,但相较于世界平均水平而言,还存在一定距离,仍有待进一步提高。从全国数据来看,林权制度改革后,大部分农户没有参与造林。林权制度改革以来,多数南方集体林区仍存在粗放式经营林地的情况,甚至出现大面积林地长期闲置、无人经营的现象。森林资源管理的相关研究表明,我国森林系统有较大的提质增效增汇潜力,如果我国森林质量达到世界平均水平,每年新增固碳量会有3.2亿~4.2亿吨。以南方的人工杉木林为例,抚育及时、经营等级为"好"的杉木林的每公顷蓄积量是抚育不及时、经营等级"较差"的杉木林的2.5倍多,可见森林质量的提升对我国林业发展至关重要,并且在增加森林碳储量、加快实现"双碳"目标等方面具有重要意义。研究表明,除了加强森林经营、提高森林质量,适当延长林木轮伐期也是修复土壤营养、提升森林固碳能力的重要途径。当前,福建省森林覆盖率居于全国首位,继续扩大造林面积存在一定阻力,因此,适当延长林木轮伐期的意义显著。由于采伐限额制度在一定程度上损害了农户权益,降低了农户营林积极性,如何保证农户利益、使农户自愿延长林木采伐期是未来研究的重点内容。

第二节 森林生态产品价值化实现机制:以碳票为例

森林生态产品价值实现的理论逻辑的关键是生态产品是否具有能够市场化的特征。经济理论认为,生态产品只有具有稀缺性时,才可以实现价值。"双碳"目标下,为了应对气候变化,碳排放空间成为经济发展的竞争性资源,碳汇由此成为稀缺资源,碳票因此具有市场价值。从外部性理论视角分析碳汇价值的实现,可以发现:森林的碳汇功能是森林正外部性的体现,其在环境保护、气候调节等方面给人类带来显著的社会效益,但森林的产权人并没有获得相应的经济收益。在国家对碳汇资源进行权利界定之后,碳汇开始具有明晰的产权和明显的排他性,并开始显现外部性内部化的过程。碳汇的排他性解决了生态产品价值实现中付费的问题,因为消费主体和市场消费机制是明确的。

森林碳汇生态产品的价值实现需要成熟的碳汇核算方法和完善的政策基础作为保障。其中,碳票项目中的碳汇核算方法以国家自愿减排交易机制下的相关方法学模板为基础,参考和借鉴了森林经营碳汇项目方法学和碳汇造林项目方法学等。

森林碳汇生态产品价值实现的核心机制是森林碳汇权的转移。碳票政策实施后,政府和市场通过市场交易和非市场管理将森林碳汇产品的外部性内部化,对碳汇产权赋能、赋利,使其成为可在市场中进行流通、交易的生态资产。由此,森林自然资源转化为经济效益,森林生态产品价值得以实现,社会福祉增加,保护生态环境与提高经济效益的良性循环得以实现。碳汇生态产品价值实现机制(即碳票的运行机制)可以从森林碳汇资源变资产为资本、碳汇价值核算体系构建和碳票市场化运作三个方面展开,如图10-2所示。

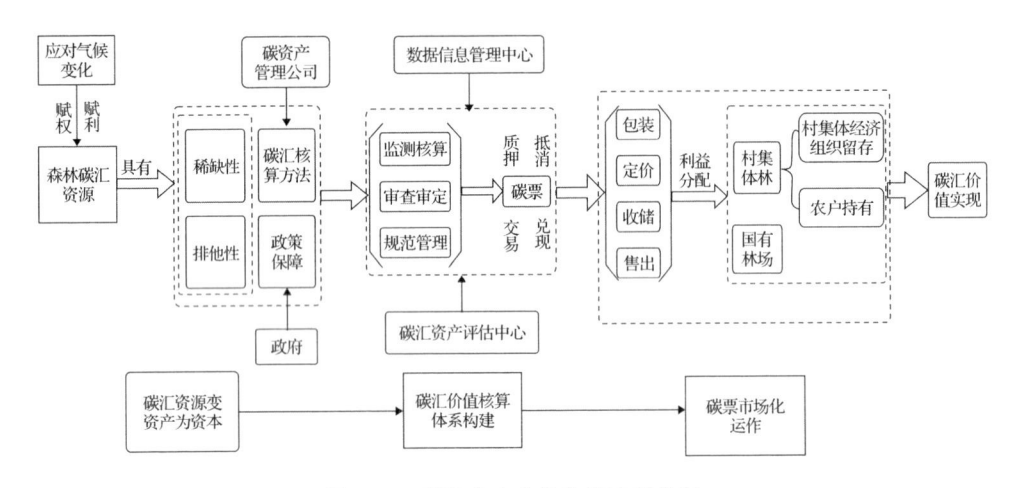

图 10-2 碳汇生态产品价值实现机制

一、森林碳汇资源变资产为资本

长期以来,因林业生产周期长、林业资源碎片化、发展中的不可控因素多等问题,林业在吸引社会资金方面具有"弱质性"。因此,是否能对森林碳汇资源进行摸底清算、资源确权、规模整治,成为碳票项目是否能够落地的关键。以福建省三明市碳票为例,为了能够解决碳票价值化过程中的技术问题,三明市依托金森林业公司的技术优势,积极同国家林业和草原局、中国林业研究科学院、福建省林业科学研究院等开展合作,成立全省首家碳资产管理公司——福建金森碳汇科技有限公司(以下简称"金森碳汇"),致力于林业碳票项目开发服务、碳汇监测计量及碳金融服务,在全市范围内开展碳票开发服务。金森碳汇通过建立数据信息管理中心和碳汇资产评估中心,对森林碳汇资源进行测绘、收储和经营。经过金森碳汇监测核算、相关部门专家审查、三明市林业部门审定,对碎片化森林碳汇资源进行集中化收储和规模化整治,最终制发具有收益权的碳票凭证,并赋予该凭证交易、质押、兑现、抵消等权能,实现碳汇这一生态要素配置的市场化。同时,三明市有关部门积极推动金融机构持续开展质押型、增信型、混合型碳票融资等业务,支持碳票改革;金森碳汇通过标准化的碳资源管理体系和良好的运营体系,吸引投资实力强的企业和社会资本进行投资,促使森林碳汇资源变资产为资本。

二、碳汇价值核算体系构建

碳票价值核算体系能否成功构建是碳票项目能否落地的关键,为此,中国各地方林业局联合自然资源、生态环境、金融监管等有关部门,制定了相应的碳票碳减排量计量方法,对碳票项目的核算边界、周期和森林年净固碳量进行了清楚界定,进一步规范了碳票流程和权能,为林业碳票项目开发和交易提供了保障。

1.核算边界

以三明林业碳票为例,碳票项目的核算边界指拥有林地所有权或使用权的三明林业碳票的参与方实施三明林业碳票项目活动的地理范围,以小班为基本单位。参与方需提供项目地块的林地及林木所有权或使用权的证据,如林权证或不动产权证,且项目计入期内林地地类不能发生变化。计入数据以县级林业局资源数据为基础,以具有林业调查资质的单位现场监测核准的数据为依据。

2.核算周期

以三明市碳票为例,首次申请林业碳票项目的核算周期为 2016 年至申请当年,核算周期以整年为单位,一个核算周期原则上为 5 年;项目计入期不超过 20 年。

3.计算方法

碳票项目中的碳汇测绘过程主要是首先通过林木树高和胸径计算每亩林木蓄积量,其次通过蓄积量计算生物量,最后再根据生物量计算碳储量。计算公式具体如下。

$$f(c) = \frac{44}{12} \times \text{CF} \times B \qquad (10\text{-}1)$$

$$B = V \times \text{WD} \times \text{BEF} \times (1 + R) \qquad (10\text{-}2)$$

式中:$f(c)$表示碳汇林的碳储量;V表示林木的活立木蓄积量;WD表示林木的基本木材密度;BEF表示林木的生物量扩展因子;R表示林木地下生物量和地上生物量的比值;CF为林木生物量中的含碳率。

三、碳票市场化运作

对森林碳汇资源进行规模化整治后,还要进一步推动碳票市场化。碳票交易市场属于政策诱导性、需求拉动型的市场,"双碳"政策背景下,碳票可以作为林业改革的切入点,带动林业资源实现真正的市场化运作。以福建省为例,金森碳汇依托海峡股权交易中心交易资源,创新绿色金融机制,对森林碳汇资源资产进行包装、定价、收储、售出,并对碳汇资源进行兜底保障,以推动碳票项目的开发和交易,做好参与全国碳市场的充分准备。2021年5月,三明市林业局向三明市常口村村委会发放了全国第一张林业碳票,碳票上清楚地写着以下内容:村里有3197亩林地,在过去5年里吸收二氧化碳12327吨。碳票发放当天,4万多元的碳汇量便卖出,随后金森碳汇收储10万元的碳汇量。在碳票收益分配上,由村委会享有30%的收益,村民享有70%的收益。碳票交易市场中的付费主体呈现多元化的特征,主要由党政机关、国有企事业单位、有碳汇需求的企业和社会活动组织等组成。当前,中国各地对碳票市场化创新机制的积极探索,加快了中国打开碳票全球贸易市场、实现森林经营效益最大化的步伐。

从森林生态资源配置角度来看,碳汇生态产品价值的实现,改善了人类对于森林生态系统的无偿利用和粗放式经营的状况,平衡了森林资源优化配置和生态保护之间的关系;从产权与利益分配角度来看,市场价格的反馈,使得碳汇这一生态产品的价值变现,碳票发行地获得了财产性收入,碳票购买方解除了碳排放制约并获得了发展权,碳排放资源实现了在区域间的合理分配;从宏观生态调控角度来看,碳票的发行促使森林碳汇的生态效益转化为经济效益,为资源丰富区域和生态功能区的经济发展,以及生态脆弱区的生态修复提供了路径。

第三节　生态产品价值实现的案例分析:以碳票为例

在应对气候变化的背景下,森林碳汇具有一般商品属性,即稀缺性和排他性,这为森林碳汇生态产品的价值实现提供了基本条件。中国碳汇交易市场发展迅速。2021年,为了拓宽生态产品价值实现渠道、创新碳汇项目发展,中共中央办公厅、国务院办公厅印发了《关于建立健全生态产品价值实现机制的意见》,为各地碳票项目的探索和改革提供了发展方向,多地开始陆续发行碳票(见图10-3)。

各地碳票发行时间各不相同,福建省三明市于2021年5月开始发行碳票,采用"摸着石头过河"的方法进行碳票项目的开发和交易,为其他省市实施碳票项目提供了宝贵的经验。由于各地森林生态资源禀赋有差异,碳票的价格、林木类型、购买用途及利益分配等方面的情况也各不相同。而且,关于碳票碳减排量计量方法和管理办法,各地根据自身情况,做了相应调整,以监测期为例,三明市碳票项目的最长监测期为20年,而毕节市为30年。目前,各地碳票碳汇生态产品价值实现的实践模式主要是生态产权

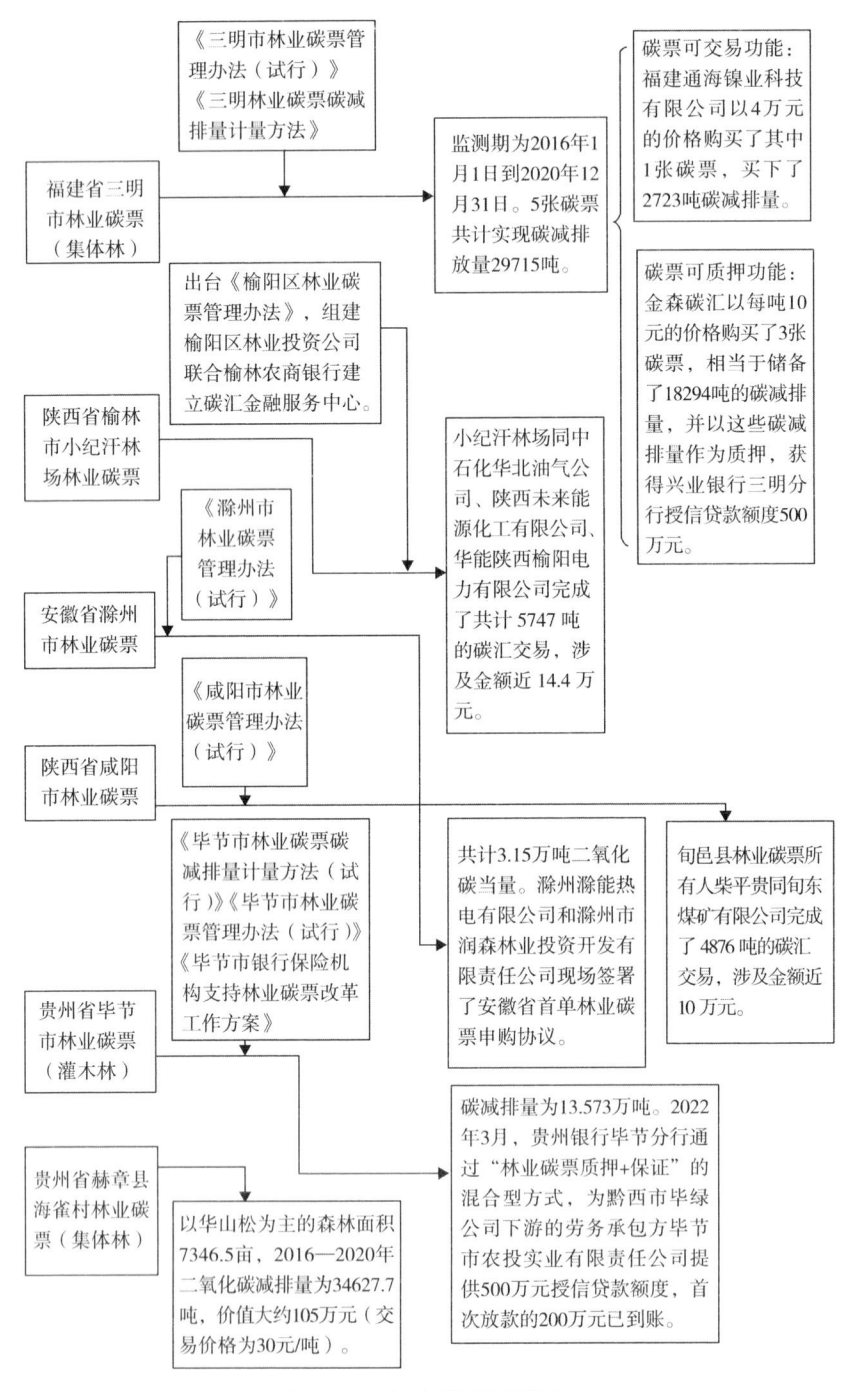

```
┌─────────────────────┐
│《三明市林业碳票管    │
│ 理办法（试行）》     │
│《三明林业碳票碳减    │
│ 排量计量方法》       │
└─────────────────────┘
```

福建省三明市林业碳票（集体林） → 监测期为2016年1月1日到2020年12月31日。5张碳票共计实现碳减排放量29715吨。

碳票可交易功能：福建通海镍业科技有限公司以4万元的价格购买了其中1张碳票，买下了2723吨碳减排量。

碳票可质押功能：金森碳汇以每吨10元的价格购买了3张碳票，相当于储备了18294吨的碳减排量，并以这些碳减排量作为质押，获得兴业银行三明分行授信贷款额度500万元。

出台《榆阳区林业碳票管理办法》，组建榆阳区林业投资公司联合榆林农商银行建立碳汇金融服务中心。

陕西省榆林市小纪汗林场林业碳票

小纪汗林场同中石化华北油气公司、陕西未来能源化工有限公司、华能陕西榆阳电力有限公司完成了共计5747吨的碳汇交易，涉及金额近14.4万元。

《滁州市林业碳票管理办法（试行）》

安徽省滁州市林业碳票

《咸阳市林业碳票管理办法（试行）》

陕西省咸阳市林业碳票

《毕节市林业碳票碳减排量计量方法（试行）》《毕节市林业碳票管理办法（试行）》《毕节市银行保险机构支持林业碳票改革工作方案》

贵州省毕节市林业碳票（灌木林）

共计3.15万吨二氧化碳当量。滁州滁能热电有限公司和滁州市润森林业投资开发有限责任公司现场签署了安徽省首单林业碳票申购协议。

旬邑县林业碳票所有人柴平贵同旬东煤矿有限公司完成了4876吨的碳汇交易，涉及金额近10万元。

贵州省赫章县海雀村林业碳票（集体林）

以华山松为主的森林面积7346.5亩，2016—2020年二氧化碳减排量为34627.7吨，价值大约105万元（交易价格为30元/吨）。

碳减排量为13.573万吨。2022年3月，贵州银行毕节分行通过"林业碳票质押+保证"的混合型方式，为黔西市毕绿公司下游的劳务承包方毕节市农投实业有限责任公司提供500万元授信贷款额度，首次放款的200万元已到账。

图 10-3　中国碳票发行情况

交易模式和生态资源资本化模式相结合(孙博文,2021),通过市场手段,运用经济杠杆,建立环境治理和生态保护的作用机制,实现碳汇生态产品价值。对于碳票的持有者来说,其可用碳票冲抵自身的碳排放量;对于碳票供给方而言,其不仅能够获得木材收益,也能获得潜在的碳汇收益,提高林业经济效益;对于碳票需求方来说,如果购买碳票便可享有相应的碳排放权,从而获得发展权。

碳票项目的开发显著提升了林业经济效益,为了测算碳汇生态产品的具体经济效益,本书以福建省杉木林为例,运用木材收获模型和碳储量计量模型,计算每个最小监测期(即 5 年)的碳储量和碳票净收益,具体过程如下。

1.木材收获模型

本书采用陈则生(2010)构建的杉木人工林蓄积量生长模型,对杉木林分蓄积量进行估算,公式如下:

$$V = b_1 SI^{b_2} (1 - e^{-kt})^c \tag{10-3}$$

其中:V 代表 t 时的林分蓄积量(单位:立方米/公顷),$b_1=4.53547$,$SI=13$,$b_2=1.60931$,$k=0.096004$,$c=3.720004$,t 表示林龄。

2.碳储量计量模型

根据《三明林业碳票碳减排量计量方法》测算研究区域内杉木的碳储量,公式如下:

$$f(c) = \frac{44}{12} \times \mathrm{CF} \times B \tag{10-4}$$

$$B = V \times \mathrm{WD} \times \mathrm{BEF} \times (1+R) \tag{10-5}$$

其中:$f(c)$ 表示杉木碳汇林的碳储量(单位:吨碳/公顷);V 表示杉木的活立木蓄积量(立方米/公顷)。根据《三明林业碳票碳减排量计量方法》,其他参数的取值如表 10-1 所示。

表 10-1 参数取值表

参数	CF	WD	BEF	R
取值	0.520	0.307	1.634	0.246

3.碳票收益净现值

公式如下：

$$V_c = \int_0^t p_c f'(c) e^{-rt} \mathrm{d}t \tag{10-6}$$

式中：V_c 表示碳票收益净现值；$f'(c)$ 为每年增加的碳储量的函数；r 为贴现率，本书中 r 的取值为 4%；Pc 为碳价格，参考三明市已成功交易的林业碳票，本书将其取值为 15 元/吨。

根据上述计算公式和过程，可得出单位面积杉木碳票收益净现值评价结果，如表 10-2 所示。

表 10-2 单位面积(公顷)杉木碳票收益净现值评价结果

林龄/年	5	10	15	20	25	30
碳储量/(吨碳/公顷)	20.39	55.67	123.69	185.94	235.69	270.49
碳票收益净现值/(元/公顷)	286.37	629.68	1225.37	1712.73	2025.32	2193.07

由分析结果可知，碳票的发行将森林碳汇生态效益转化为经济效益，显著提高了林地价值，是将森林生态系统外部性内部化的体现。但随着林龄的增长，碳储量的增量呈现先增加后减少的趋势，因此，监测期不同，碳票收益也有所区别。其中，中幼龄阶段杉木的碳吸收能力较强，碳汇收益较高，当碳票项目监测期为 5～25 年时，每公顷杉木林可增加约 1739 元的碳汇收益。尽管各地关于碳票的实践探索还处于起步阶段，但进展和成果已显而易见：一是碳汇项目的开发周期缩短，林业碳票项目从项目生成到备案签发只需一个月左右的时间。二是林业碳汇项目认证费用降低，特别是林业碳

票项目,其开发成本远低于一般林业碳汇项目。三是林业碳汇项目参与门槛降低,只要是权属清晰的林木,林业经营主体都可以申请相应的碳票,获得碳汇收益。从开发主体和计量方式来看,碳票是林业碳汇项目的有益补充,其盘活了森林资源,增加了林业经济效益,有助于中国走出一条有好生态就有好收益、少砍树也能致富的绿色转型发展之路。

第四节 经验结果分析

森林碳汇生态产品价值实现是对在应对气候变化过程中不同主体的利益调节的关键途径。结合各地碳票项目发展情况,本书得出以下结论。

第一,碳票项目制度体系的建立需要综合考虑区域发展战略。由于各地区生态环境状况、社会文化等存在不同,碳票项目制度体系也应符合各地区生态系统的典型特征。从目前的情况来看,各地区碳票碳减排量计量以森林年净固碳量作为指标,但在项目计入期和核算边界等方面各有差异。而且,各地区还积极探索碳票融资功能,例如:安徽滁州市还以林业碳票作为质押物,发放"碳票生态贷";毕节市将林业碳票作为征信的辅助材料,有效发挥了金融要素在碳汇变资产为资本中的引导和撬动作用。

第二,碳汇价值实现机制为政府化路径和市场化路径相结合。从消费主体来看,碳票的消费主体是多元的(公众、公益组织、政府),社会参与度高,资金来源丰富。从价值实现的主导主体来看,由政府和市场主导。一方面,政府通过行政调控手段实现资金转移和资源的互补;另一方面通过市场机制将碳汇生态产品货币化,使其具有经济效益。

第三,碳票项目能够有效提高林地期望价值,增加经营主体收入。本书通过构建木材收获模型和碳储量计量模型,计算出福建省杉木林碳票收益净现值,分析得出碳票项目能够显著增加林地期望价值,有效实现生态和经济双重效益。

第四,碳票是林业碳汇方法学的有效创新,具有显著优势。在项目开发周期、认证费用和参与门槛等方面,碳票都是传统林业碳汇项目的有益补充。各地"摸着石头过河"的碳票改革,为推进林业碳汇方法学创新提供了可推广的经验。

森林碳汇价值实现是中国在应对气候变化背景下的创新性战略措施,未来应着力突破碳汇价值实现过程中碳汇资源变资产为资本、碳汇价值核算体系构建以及碳票市场化运作三个方面的技术瓶颈和限制,不断完善碳汇价值实现的资本化体系、核算体系和交易体系。

第五节 本章小结

碳票是林业碳汇项目方法学创新的重要实践。首先,本章从森林碳汇资源变资产为资本、碳汇价值核算体系以及碳票的市场化运作三个方面,对碳票实现碳汇生态产品价值的机制和路径进行分析。以福建省三明市碳票为例,其实质是森林碳汇被赋利、赋权,碳资产管理公司联合多部门对碳汇资源进行测绘、审查和审定,制发碳票凭证,并赋予其交易、质押、兑现、抵消等权能,实现森林碳汇资源变资产为资本。其次,本章结合《三明林业碳票碳减排量计量方法》,进一步界定林业碳汇的核算边界及周期,提高碳汇核算精确度,构建碳汇价值核算体系。在此基础上,本书分析了碳票市场化运作机制:碳资产管理公司和碳汇交易平台对森林碳汇资源资产进行包装、定价、收储、出售,并对碳汇资源进行兜底保障,完成碳票市场化运作,最终实现森林碳汇生态效益与经济效益双赢。

关于碳票项目建设面临的如何突破市场与政府边界界定、碳票交易参与模式单一、交易制度不健全等问题,地方政府还应持续创新突破,进一步完善碳票试点方案,探索当地森林生态价值实现的发展路径。

结合森林碳汇生态产品价值实现机制,本章针对已有问题提出以下政策建议,以优化碳汇价值实现路径。

一是放权于市场。碳票的运行与交易需要处理好市场与政府的关系。目前,各地碳票项目还处于探索阶段,碳票发行与交易主要依赖各地政府的引导,未来应不断创新制度安排和政策机制,明确政府与市场边界,将碳票更大程度地放权给市场,使得碳票和其他市场要素一样实现市场化配置。

二是建立健全碳票项目制度体系。碳票项目的有序进行,需要有完善的碳汇交易制度体系保驾护航,以更好地规范和指导碳汇生态产品价值的实现。对于进行碳票改革的试点省份,应及时跟踪评估其阶段性成果,及时总结比较成熟和具有普适性的经验并加以推广,为践行"两山"理论提供可复制、可推广的地方样本。

三是探索"责任＋激励＋约束"的森林生态保护新机制。政府需要引导、鼓励企业和其他社会团体通过购买林业碳票冲抵碳排放量,践行社会责任,从而扩大林业碳票需求量,构建政府、企业和社会资本多元参与、激励与约束并重的碳票交易模式,发挥各类主体在生态产品价值实现中的撬动作用。

四是加强森林生态系统的保护和修复。生态保护没有"休止符",森林生态系统是森林生态产品的母体,保护森林生态资源,就是保护生态产品。森林碳汇具有经济效益后,激励着碳汇供给方保护森林生态资源、增加碳汇供给量。政府应借助碳票项目这一机遇,加强森林生态系统的保护和修复,并细化和明确碳票发行和生态保护中的权责利关系,促进多方主体协同联动。

第十一章 结论与展望

第一节 结论

本书主要围绕森林生态-经济系统下森林资源系统、森林资源单位、行动者、治理系统的协调发展机制进行研究。首先,对森林生态系统与林业经济系统的互动关系进行分析。其次,探究森林生态-经济系统协同发展的理论机制,引入 SES 分析框架和自主治理论,构建森林生态、经济和社会协同发展机制的分析框架,并进行案例验证。最后,对森林生态-经济系统协调发展进行演化博弈分析,并通过构建动态耦合模型,对耦合发展程度进行判别。总的来说,本书得出以下四个结论。

第一,在分析森林生态-经济系统协同发展机理时发现,信息不对称情况下政府组织与非政府组织的集体行动加剧了森林生态-经济系统协同发展的困境。行动者从森林资源系统中提取森林资源单位从而实现经济效益,但只有在行动者对森林资源单位的平均提取率不超过平均补充率时,森林生态系统中的可再生资源才能够长期持续发展。

第二,在识别森林生态-经济系统协同发展的影响因素中的发现:森林生态系统的区位优势对林业经济投资活动起着积极正向作用;林农、家庭林场、林业合作组织等经营主体追求短期经济利益最大化会负向影响森林生态系统的生态绩效；乡村一级的林业行动者具有组织管理才能和领导力，才能够提升话语权，使得信息更容易获得、冲突更容易解决、投资行为更多，从而更好地实现森林资源自主治理；治理系统中若缺乏森林经营合作规则、村级层面的森林经营制度和发展规划方案等社会规范，会弱化行动者的自主治理能力。

第三，治理系统与行动者进行博弈。行动者因执行治理系统提出的森林保护要求而严格规范使用化肥、农药，导致产量降低、产生经济损失，会影响博弈系统的演化方向，进而影响森林资源供给的稳定性以及森林生态效益、社会效益和经济效益的实现。

第四，在识别影响森林生态-经济系统自主治理的可持续性因素时发现：行动者对森林资源的依赖性、森林资源经营历史、林业经营主体领导力和社会资本是森林资源自主治理的关键影响因素；人口、经济、森林资源管理政策等背景变量是森林资源自主治理的重要影响因素。当行动者的家庭收入以林业收入为主，即行动者对森林资源的依赖性很高，那么行动者更愿意投入资金开展林业经济活动；若森林资源经营历史悠久，则会促进行动者之间的相互监督与信任，降低社会资本；返乡创业人员、科技特派员在森林经营自主治理中起着关键作用。行动者经常相互交流是建立信任的有效途径，在沟通中，行动者可以进一步了解自身的行为会对其他人和森林资源产生何种影响，以及如何自行组织起来趋利避害，从而建立信任和社群观念，促进形成互助互惠规范和模式，进而积累社会资本。长期生活在同一个村庄的林农具有较高的同质性，特别是利益上的相似性、规范上的共识性，这可以促进新型林业经营主体的建立和作用的发挥，形成真正的自治。

第二节 政策启示

由本书关于森林生态-经济系统协同发展的机理、自主治理、演化博弈和动态耦合分析结果可知,森林生态-经济系统的协同发展涉及生态、经济和社会三大子系统间的相互作用、相互制约。中国在林业发展过程中,应注重在保证森林资源可持续发展的前提下平衡森林生态-经济系统的生态效益、经济效益、社会效益和治理效益。因此,基于研究结论,本书提出以下政策启示。

1.国家层面

(1)构建多方沟通、多元参与的森林资源协同治理模式。

在顶层设计中,应形成从中央到地方的多层次、跨领域、协同作战、齐抓共管的管理体制,结合政府、市场、社会的力量,鼓励各利益相关者积极参与森林资源治理,以避免市场或政府失灵,推动森林可持续经营。同时,应立足于中国森林经营现实状况,依照"放管服"的改革要求,由中央政府制定集体林业发展宏观政策,地方政府落实集体林业发展政策,各级政府与森林经营主体通力合作,避免制度"失真"。此外,还要夯实同盟群体的权利资源,构建多方沟通、多元参与的森林资源协同治理模式。

应引导治理系统与行动者的合作同盟达成集体行动,精准提升森林资源质量。针对不同类型、不同发育阶段的林分的特征,通过科学采取抚育间伐、补植补造等措施逐步解决林分过密、过疏等结构不合理问题。应充分考虑到森林治理系统与行动者行为选择的耦合协同性,强化森林政策制定者与行动者间的合作机制,构建多渠道的生态补偿机制,在通过实现森林生态价值来保护森林生态系统的完整性的同时,促进经济、社会效益的同步提高。应由地方政府建立完善的奖惩机制,并对林业合作组织给予相应的生态补偿,促成地方政府与林业合作组织联动治理,实现森林资源的公共价值。

(2)坚持完善生态保护制度和冲突解决机制。

坚持在保护中发展、在发展中保护,实现森林生态-经济系统协同统一发展。行动者和治理系统之间的演化博弈显著影响森林资源经营模式和治理效率。因此,应推进森林经营的行动者和治理系统形成集体行动,大面积增加生态资源总量,大幅度提升森林资源质量,着力提升林地生产力,提供更优质的生态产品;应积极培养高效用材林、特色经济林,发展竹藤花卉及林下经济;应完善森林生态环境监测评价体系,逐步增大监控范围及监测领域,统筹不同部门的监测数据,进一步提升森林生态环境监测评价综合效率;应健全生态环境公益诉讼制度,建立环境公益诉讼案件办理的相关法律体系,完善森林生态环境公益诉讼领域的法律规范;应严厉打击盗伐林木、毁林开垦、非法占用林地等各种破坏森林资源的违法犯罪行为;应完善冲突解决机制,促使行动者和治理系统通过低成本解决林权纠纷;应助力环境公益诉讼主体向多元化方向发展,建立检察机关、公益组织和群众等多方介入的制度执行体系,明确具体职责,提升制度执行效率;应实行生态补偿和生态环境损害赔偿制度,准许非政府组织和基金组织的有效参与,加强森林生态产品品类创新,同时综合利用项目、技术、实物等多种途径促进生态补偿的完善。

2.省级及地方政府层面

(1)保护天然林,加强人工林建设和森林资源治理,精准提高森林资源质量,注重林业三大产业的融合发展,平衡生态效益与经济效益。

从本书中关于浙江省的实证分析结果来看,浙江省认真贯彻实施天然林资源保护工程、退耕还林工程和森林质量精准提升工程,注重国土绿化、珍贵树种和大径材培育、美丽生态廊道和健康森林建设,精准提升森林质量。在森林资源治理方面,浙江省和福建省高度重视森林火灾和林业病虫害防治工作,定期开展松材线虫防治工作。

未来,各省市要牢固树立绿水青山就是金山银山理念,在平衡生态效益与经济效益时要注重三个方面:一是在大力发展森林旅游,要注重经济目标与生态目标的协同;二是在实施人工造林计划时,要注重短期效益与长期效益之间的协同;三是在森林资源治理时,要加强病虫害防治、森林火灾预防工作,注重林业科技推广在森林资源治理中的作用。

(2)加强数字林业建设,为林业研究提供数据支持。

在"互联网+"、智慧应用建设的背景下,林业信息化建设是现代林业发展的基础数据保障。浙江省高度重视林业信息化建设,逐步完善林业资源区域的无线网络、物联网等基础设施,扎实推进数字林业的发展。笔者在搜集数据时发现,福建省林业信息化建设方面较为薄弱,存在林业基础数据不全、林业基础指标统计口径不一等问题。未来,福建省应强化数字林业建设,政府部门应加大林业信息化建设的专项拨款力度,有力推动数字林业的发展,为林业研究奠定数据基础;应建立健全福建林业"天空地"一体化感知应用系统,建立空中观察、地面巡逻、网络搜索结合的资源监测新模式;应大力发展林长制,更新无人机应用管理平台,构建集护林员网格巡逻、卫星遥感、视频监测、无人机监测功能于一身的"天空地"监测传感体系;应促进资源监管体系建设,强化"生态共享厅""智慧林区"等信息化工程开发,不断增强林业信息化程度,使数字技术在林业生态与经济建设的全过程中普及。

(3)提升行动者的自主组织与自主治理能力。

森林经营是一项基础产业和公共福利事业,森林生态-经济系统协同发展的关键在于行动者在国家的法律框架下提升森林资源自主治理能力。森林经营的行动者应抵制"搭便车"、逃避责任或其他机会主义行为,进行制度的供给、承诺、监督,并获得可持续的共同收益。

当前,中国的林业龙头企业、林业合作组织、国有林场等新型林业经营主体有效推动了森林经营的规模化和专业化发展,但林农、村委会在森林经营决策中自主权还有待加强,且由农民自发组织起来的新型林业经营主体较少。这些问题在未来应进行妥善解决,比如:依托植物节、文化节、森林主题的摄影比赛、亲子自然游学课堂等多种形式,加强林农间的互动、信任感和林农的环保意识;提升信息透明度,尤其是村集体在林业方面的收入应当予以公开,促进林农与村干部之间形成相互监督的长效机制。

3.村级层面

应优化村级层面森林经营或林业合作组织相关的制度设计,提高林农在制定森林经营方案等制度设计中的话语权和决策权。

首先,制定森林经营实施方案。行动者应结合治理系统要求和在具体森林经营活动中所积累的经验、有效信息,制定具有可操作性、与上级政策目标相一致的森林经营方案。行动者积极参与政策的制定和实践过程,能够提升集体的决策水平。其次,积极推进社会造林,减少投入的成本。比如:深入开展全民义务植树;落实好造林绿化、抚育管护、自然保护、认种认养、志愿服务等义务植树尽责形式;深入推进"互联网+全民义务植树"行动,营造全民参与义务植树的良好氛围;积极发展造林主题混合所有制,推动国有林场林区与企业、新型林业经营主体开展多种形式的场外合作造林和森林保育经营,有效盘活林木资源资产。

第三节 研究展望

一是加强森林生态-经济系统一级变量、二级变量及外部条件的因果关系的定性研究,权衡森林生态面和经济面。二是加强交叉学科研究。进行跨学科或交叉学科的研究,可以从多个角度理解复杂的森林生态-经济系统。比如,判断森林的树种时需要林学知识,解析森林生态系统的生态脆弱性时需要生态学或林学科的知识。为此,交叉学科研究更有利于全面分析和识别影响森林生态与林业经济协同发展的机理,进而丰富森林生态-经济系统可持续发展的理论体系。三是利益相关主体协同治理的研究。森林生态与林业经济协同发展的过程中存在各类矛盾,牵涉很多利益相关主体,只有加强对森林生态、林业经济之间互动关系的实证研究,才能彰显 SES 分析框架对中国森林生态与林业经济协同可持续发展的价值。四是笔者的理论水平有限,且森林生态-经济耦合系统的评价指标较为复杂,加上搜集数据时面临一定的现实困难,因此,在进行实证分析时所使用的省份数据偏少。在后续研究中,应该进一步结合合理的评价模型尽可能多地搜集相关数据,对研究样本区进行更为具体的实证分析。

参考文献

奥尔森,2024.集体行动的逻辑[M].陈郁,等译.上海:格致出版社:37.

奥斯特罗姆,2012.公共事物的治理之道:集体行动制度的演进[M].余逊达,陈旭东,译.上海:上海译文出版社:1-277.

鲍文涵,张明,2016.从市场治理到自主治理:公共资源治理理论研究回顾与展望[J].吉首大学学报(社会科学版),37(6):58-66.

毕安平,2011.水土流失区生态-经济系统耦合效应[D].福州:福建师范大学.

蔡晶晶,毛寿龙,2011.复杂"社会-生态系统"的适应性治理:扩展集体林权制度改革的视野[J].农业经济问题,32(6):82-88.

蔡晶晶,2011."分山到户"或"共有产权":集体林权制度改革的社会-生态关键变量互动分析:以福建省5个案例村为例[J].经济社会体制比较(6):154-160.

蔡晶晶,2012.诊断社会-生态系统:埃莉诺·奥斯特罗姆的新探索[J].经济学动态(8):108-115.

蔡晶晶,谭江涛,2020.社会-生态系统视角下商品林赎买政策参与意愿的影响因素分析[J].林业经济问题,40(3):302-311.

曹堪宏,朱宏伟,2010.基于耦合关系的土地利用效益评价:以广州和深圳为例[J].中国农村经济(8):58-79.

陈建成,程宝栋,印中华,2008.生态文明与中国林业可持续发展研究[J].中国人口·资源与环境,18(4):139-142.

陈娟丽,2015.我国林业碳汇存在的障碍及法律对策[J].西北农林科技大学学报(社会科学版),15(5):154-160.

陈亮,谢琦,2018.乡村振兴过程中公共事务的"精英俘获"困境及自主型治理:基于H省L县"组组通"工程的个案研究[J].社会主义研究(5):113-121.

陈鹏,谢屹,卫望玺,等,2015.集体林权纠纷解决的制度困境与对策研究[J].林业经济(6):56-60.

陈卫洪,曹子娟,王晓伟,2019.森林碳汇储备中政府监管与林农行为博弈分析[J].林业经济问题,39(1):80-85.

陈锡文,2006.坚持集体林权制度改革 推进新农村建设[J].林业经济(6):9-11.

戴芳,冯晓明,宋雪霏,2013.森林生态产品供给的博弈分析[J].世界林业研究,26(4):93-96.

党建华,2018.基于系统动力学的旅游利益相关者耦合研究:以吐鲁番葡萄沟为例[J].中国商论(19):66-67.

董沛武,张雪舟,2013.林业产业与森林生态系统耦合度测度研究[J].中国软科学(11):178-184.

方精云,郭兆迪,朴世龙,等,2007.1981—2000年中国陆地植被碳汇的估算[J].中国科学(D辑:地球科学)(6):804-812.

冯晓明,李怒云,2014.基于社会偏好的森林生态服务产品自愿供给路径分析[J].林业经济,36(12):70-75.

高超平,刘纪显,赖小东,2016.基于DSGE模型的生态产品市场化研究[J].管理现代化,36(6):74-77.

高鹤文,2012.北京地区生态经济系统耦合度变化及原因分析[J].前沿(4):98-99.

高建中,2007.论森林生态产品:基于产品概念的森林生态环境作用[J].中国林业经济(1):17-19,37.

高轩,朱满良,2010.埃丽诺·奥斯特罗姆的自主治理理论述评[J].行政论坛(2):27-30.

谷振宾,2007.中国森林资源变动与经济增长关系研究[D].北京:北京林业大学.

桂起权,陈群,2014.从复杂性系统科学视角支持共生与协同[J].系统科学学报,22(1):9-15,20.

贺景平,2010.基于生态经济的现代林业可持续发展研究[J].商业研究(10):150-153.

黄颖,温铁军,范水生,等,2020.规模经济、多重激励与生态产品价值实现:福建省南平市"森林生态银行"经验总结[J].林业经济问题,40(5):499-509.

贾根良,2012.演化经济学的综合[M].北京:科学出版社.

姜安印,刘博,2019.资源开发和中亚地区经济增长研究:基于"资源诅咒"假说的实证分析[J].经济问题探索(5):30-39.

姜钰,耿宁,2017.林业产业结构与森林生态安全动态关系研究:以黑龙江省为例[J].中南林业科技大学学报,37(12):163-168.

李刚,2022.建立健全林业碳票定价机制 打通森林资源—资产—资木转化通道[J].中国经贸导刊(6):61-63.

李俊清,牛树奎,刘艳红,2016.森林生态学[M].北京:高等教育出版社.

李倩,2020.浙江省森林生态系统服务价值动态变化、地区分解及影响因素分析[D].杭州:浙江农林大学.

李守能,2020.新时期森林资源经济效益、生态效益及社会效益之间的新型关系分析[J].乡村科技(2):67-68.

林小丽,石沁怡,涂继鸿,等,2022.林业资源要素融资模式和配套机制研究:以三明市"林票""碳票"改革为例[J].山西农经(7):153-155.

凌渝智,2014.林业产业化中的地方政府行为分析[D].成都:西南财经大学.

刘伯恩,宋猛,2022.碳汇生态产品基本构架及其价值实现[J].中国国土资源经济,35(4):4-11.

刘璨,李云,张敏新,等,2020.新时代中国集体林改及其相关环境因素动态分析[J].林业经济,42(330):11-29.

刘璨,2020.改革开放以来集体林权制度改革的分权演化博弈分析[J].中国农村经济(5):21-37.

刘芳芳,2020.森林资源对林业产业发展的影响分析[D].福州:福建农林大学.

刘明,1998.凤凰山林场小流域试验场森林土壤涵养水源效益研究[J].林业资源管理(6):51-54.

刘曙光,许玉洁,王嘉奕,2020.江河流域经济系统开放与可持续发展关系:国际经典案例及对黄河流域高质量发展的启示[J].资源科学,42(3):433-445.

刘奕汝,杨培涛,2023.区域森林生态-自然-经济-社会复合系统的耦合协调度:以长沙市为例[J].林业科学,59(9):139-146.

龙贺兴,林素娇,刘金龙,2017.成立社区林业股份合作组织的集体行动何以可能?:基于福建省沙县X村股份林场的案例[J].中国农村经济(8):2-17.

罗昆燕,周国富,2011.喀斯特地区城乡生态经济复合系统耦合机制及对策:以贵州省黔西南州为例[J].中国生态农业学报,19(4):925-931.

骆素琴,2016.基于脱钩理论我国林业绿色经济的状态测度研究[D].南京:南京林业大学.

吕洁华,毛玮,崔臻祥,2008.基于能值分析的林业生态经济系统可持续发展指标体系研究[J].中国林业经济(2):1-3,8.

吕洁华,赵炜炜,2011.森林生态经济系统良性循环机理研究[J].中国林业经济(2):5-8.

吕洁华,张洪瑞,张滨,2015."全面禁伐"前后林业产业结构的演变分析:以大小兴安岭林区为例[J].林业经济问题,35(1):19-24.

吕洁华,张洪瑞,张滨,2015.森林生态产品价值补偿经济学分析与标准研究[J].世界林业研究,28(4):6-11.

马世骏,王如松,1984.社会-经济-自然复合生态系统[J].生态学报,4(1):3-11.

马玉秋,2015.黑龙江省国有林区森林资源—环境—经济复合系统可持续发展评价[J].东北林业大学学报,43(6):143-148.

毛征兵,范如国,陈略,2018.新时代中国开放经济的系统性风险探究:基于复杂性系统科学视角[J].经济问题探索(10):1-24.

孟红阳,2019."社会-生态"系统视角下商品林赎买政策的有效性评估[D].厦门:厦门大学.

宁哲,2009.中国森林生态与林业产业耦合研究[D].哈尔滨:东北林业大学.

牛玲,2020.碳汇生态产品价值的市场化实现路径[J].宏观经济管理(12):37-42,62.

潘鹤思,柳洪志,2019.跨区域森林生态补偿的演化博弈分析:基于主体功能区的视角[J].生态学报,39(12):4560-4569.

潘兴侠,何宜庆,2014.鄱阳湖地区生态、经济与金融耦合协调发展评价[J].科技管理研究,34(9):227-230.

彭朝霞,吴玉锋,2017.中国生态-经济-科技系统耦合协调发展评价及其差异性分析[J].科技管理研究,37(4):250-255.

彭喜阳,左旦平,2009.关于建立我国森林碳汇市场体系基本框架的设想[J].生态经济(8):184-187.

乔标,方创琳,2005.城市化与生态环境协调发展的动态耦合模型及其在干旱区的应用[J].生态学报,25(11):3003-3009.

任恒,2017.公共池塘资源治理过程中的政府角色探讨:基于埃莉诺·奥斯特罗姆自主治理理论的分析[J].中共福建省委党校学报,0(11):66-71.

任继周,葛文华,张自和,1989.草地畜牧业的出路在于建立草业系统[J].草业科学(5):1-3.

任继周,万长贵,1994.系统耦合与荒漠—绿洲草地农业系统:以祁连山—临泽剖面为例[J].草业学报(3):1-8.

任继周,1999.系统耦合在大农业中的战略意义[J].科学(6):12-14.

邵权熙,2008.当代中国林业生态经济社会耦合系统及耦合模式研究[D].北京:北京林业大学.

沈国舫,2000.中国森林资源与可持续发展[M].南宁:广西科学技术出版社.

石广义,2005.中国西部林业生态经济发展模式与对策研究[D].北京:北京林业大学.

石长春,封斌,高欣,等,2009.森林生态产品价值补偿探讨[J].陕西林业科技(3):108-112.

宋军卫,李智勇,樊宝敏,等,2018.森林文化币:概念、内涵及应用前景[J].林业经济,40(1):25-30.

宋维明,杨超,2020.1949年以来林业产业结构、空间布局及其演变机制[J].林业经济,42(6):5-19.

苏蕾,袁辰,贾君,2020.林业碳汇供给稳定性的演化博弈分析[J].林业经济问题,40(2):122-128

苏毅清,秦明,王亚华,2020.劳动力外流背景下土地流转对农村集体行动能力的影响:基于社会-生态系统(SES)框架的研究[J].管理世界,36(7):185-198.

孙平军,修春亮,张天娇,2014.熵变视角的吉林省城市化与生态环境的耦合关系判别[J].应用生态学报,25(3):875-882.

孙庆刚,郭菊娥,安尼瓦尔·阿木提,2015.生态产品供求机理一般性分析:兼论生态涵养区"富绿"同步的路径[J].中国人口·资源与环境,25(3):19-25.

孙文琪,孙璐,2018.新发展理念视角下国有林权改革利益主体责任博弈研究[J].生态经济(中文版),34(6):139-143.

孙自来,王旭坪,詹红鑫,等,2020.不同权力结构下制造商双渠道供应链的博弈分析[J].中国管理科学,28(9):158-167.

谭江涛,蔡晶晶,张铭,2018.开放性公共池塘资源的多中心治理变革研究:以中国第一包江案的楠溪江为例[J].公共管理学报(3):102-116.

谭江涛,章仁俊,王群,2010.奥斯特罗姆的社会生态系统可持续发展总体分析框架述评[J].科技进步与对策,27(22):42-47.

唐波,肖欣,2020.粤北山区社会-生态-经济系统恢复力及其协调度[J].水土保持通报,40(5):218-226,241.

田淑英,李瑶,董玮,等,2017.中国林业生态经济的内涵演进、发展路径与实践模式探究[J].林业经济,39(8):71-76.

汪嘉杨,宋培争,张碧,等,2016.社会-经济-自然复合生态系统生态位评价模型:以四川省为例[J].生态学报,36(20):6628-6635.

汪阳洁,姜志德,王继军,2015.基于农业生态系统耦合的退耕还林工程影响评估[J].系统工程理论与实践,35(12):3155-3163.

王兵,牛香,宋庆丰,2020.中国森林生态系统服务评估及其价值化实现路径设计[J].环境保护,48(14):28-36.

王静,2018.福建省森林生态经济系统动态耦合评价研究[D].福州:福建农林大学.

王静,杨建州,2017.福建省森林生态、经济系统动态耦合分析[J].泉州师范学院学报(6):105-111.

王林龙,吴水荣,袁红姗,2018.混交林与纯林的生态经济优势机理分析[J].林业经济问题,38(4):21-25,104.

王浦劬,王晓琦,2015.公共池塘资源自主治理理论的借鉴与验证:以中国森林治理研究与实践为视角[J].哈尔滨工业大学学报(社会科学版)(3):

23-32.

王琦,汤放华,2015.洞庭湖区生态-经济-社会系统耦合协调发展的时空分异[J].经济地理,35(12):161-167.

王亚华,2018.诊断社会生态系统的复杂性:理解中国古代的灌溉自主治理[J].清华大学学报(哲学社会科学版),33(2):178-191.

王亚华,陶椰,康静宁,2019.中国农村灌溉治理影响因素[J].资源科学,41(10):1769-1779.

王亚华,汪训佑,2014.中国渠系灌溉管理绩效及其影响因素[J].公共管理评论,16(2):47-68.

王兆君,蒋敏元,王永青,2000.黑龙江省国有林区经济增长方式转变模式研究[J].林业经济(3):18-26,74.

韦惠兰,祁应军,2016.森林生态系统服务功能价值评估与分析[J].北京林业大学学报,38(2):74-82.

翁潮,董加云,张译文,等,2019.新一轮林改何以选择股份合作制经营:福建省三明市3个案例村的剖析[J].林业经济(2):38-42.

吴玉鸣,张燕,2008.中国区域经济增长与环境的耦合协调发展研究[J].资源科学(1):27-32.

肖南云,2018.黑龙江省森林生态产品开发问题研究[D].哈尔滨:东北农业大学.

谢晨,黄东,于慧,等,2014.政府监督和农户决策:巩固退耕还林成果因素分析:基于24省2120户退耕农户的调查结果[J].林业经济,37(3):9-15.

谢晨,张坤,王佳男,2017.奥斯特罗姆的公共池塘治理理论及其对中国林业改革的启示[J].林业经济(5):3-10.

谢高地,甄霖,鲁春霞,等,2008.一个基于专家知识的生态系统服务价值化方法[J].自然资源学报,23(5):9.

谢佩佩,2020.基于耦合模型的生态环境与经济协调发展研究:以湖南省为例

[J].营销界(22):33-35.

谢朝柱,肖更生,1993.试论森林生态经济系统的平衡[J].生态经济(2):31-34.

徐端阳,2014.森林生态经济耦合系统研究[D].福州:福建农林大学:1-57.

徐康宁,王剑宁,2006.自然资源丰裕程度与经济发展水平关系的研究[J].经济研究(1):78-79.

徐勇,党丽娟,汤青,等,2015.黄土丘陵区坡改梯生态经济耦合效应[J].生态学报,35(4):1258-1266.

徐雨晴,周波涛,於琍,等,2018.气候变化背景下中国未来森林生态系统服务价值的时空特征[J].生态学报,38(6):1952-1963.

许涤新,1987.生态经济学[M].杭州:浙江人民出版社.

许姝明,2011.基于环境库兹涅茨曲线假设对中国森林资源变化问题的研究[D].北京:北京林业大学.

许振宇,贺建林,刘望保,等,2008.基于基尼系数的湖南省耕地质量差异程度分析[J].农业系统科学与综合研究(2):208-213.

严立冬,陈光炬,刘加林,等,2010.生态资本构成要素解析:基于生态经济学文献的综述[J].中南财经政法大学学报(5):3-9,142.

严立冬,李平衡,邓远建,等,2018.自然资源资本化价值诠释:基于自然资源经济学文献的思考[J].干旱区资源与环境,32(10):1-9.

严立冬,谭波,刘加林,2009.生态资本化:生态资源的价值实现[J].中南财经政法大学学报(2):3-8,142.

杨博文,2021."资源诅咒"抑或"制度失灵"?:基于中国林业碳汇交易制度的分析[J].中国农村观察(5):51-70.

尹润生,1988.谈谈森林生态效益与经济效益的关系[J].生态经济(2):34-36.

于斌斌,2013.演化经济学理论体系的建构与发展:一个文献综述[J].经济评论(5):139-146.

于同申,张建超,2015.健全公益林生态补偿制度研究[J].福建论坛(人文社会科学版)(7):37-43.

余新晓,鲁绍伟,靳芳,等,2005.中国森林生态系统服务功能价值评估[J].生态学报(8):2096-2102.

岳明,李敏强,2008.海岸带生态经济耦合系统可持续发展研究[J].科学管理研究(2):65-67.

曾贤刚,虞慧怡,谢芳,2014.生态产品的概念、分类及其市场化供给机制[J].中国人口·资源与环境,24(7):12-17.

曾以禹,吴柏海,周彩贤,等,2014.碳交易市场设计支持森林生态补偿研究[J].农业经济问题,35(6):67-76.

张浩,张智光,2016.林业生态安全的二维研究脉络[J].资源开发与市场,32(8):965-970.

张建国,2002.论森林生态与经济的协调发展[J].林业经济问题,22(6):311-312.

张建国,2005.森林生态经济生产力与林业生产发展[J].林业经济问题(2):65-68.

张建龙,刘东生,封加平,等,2018.中国集体林权制度改革[M].北京:中国林业出版社:1-527.

张江海,胡熠,2019.福建省重点生态区位商品林赎买长效机制构建研究[J].福建论坛(人文社会科学版),322(3):196-202.

张静,支玲,2010.林业专业合作经济组织研究现状及展望[J].世界林业研究(2):67-70.

张林波,虞慧怡,郝超志,等,2021.生态产品概念再定义及其内涵辨析[J].环境科学研究,34(3):655-660.

张林波,虞慧怡,李岱青,等,2019.生态产品内涵与其价值实现途径[J].农业机械学报,50(6):173-183.

张凌梅,2021.林业生态建设面临的困境及其对策[J].南方农业,15(5):99-100.

张陆平,吴永波,郑中华,等,2012.基于CITYgreen模型的苏州市森林生态效益评价[J].南京林业大学学报(自然科学版),36(1):59-62.

张廷国,2021.生态文明视角下的林业管理及可持续发展探究[J].种子科技,39(7):133-134.

张颖,吴丽莉,苏帆,等,2010.我国森林碳汇核算的计量模型研究[J].北京林业大学学报,32(2):194-200.

张媛,2015.森林生态补偿的新视角:生态资本理论的应用[J].生态经济,31(1):176-179.

张媛,2016.生态资本的界定及衡量:文献综述[J].林业经济问题,36(1):83-88.

章平,刘启超,2020.如何通过内生惩罚解决异质性群体的集体行动困境?:博弈模型与案例分析[J].财经研究,46(5):4-16.

赵鼎新,2012.社会与政治运动讲义[M].2版.北京:社会科学文献出版社:171.

赵佳程,张沛,巴枫,等,2020.森林治理中以行动者为中心的权力理论[J].资源科学,42(4):636-648.

赵金龙,王泺鑫,韩海荣,等,2013.森林生态系统服务功能价值评估研究进展与趋势[J].生态学杂志,32(8):2229-2237.

赵景柱,1995.社会 经济 自然复合生态系统持续发展评价指标的理论研究[J].生态学报(3):327-330.

赵越,王海舰,苏鑫,2019.森林生态资产资本化运营研究综述与展望[J].世界林业研究,32(4):1-5.

朱彩霞,孙海清,2019.生态文明视角云南省森林生态经济耦合系统协调发展研究[J].林业经济问题,39(5):482-489.

朱广忠,2014.埃莉诺·奥斯特罗姆自主治理理论的重新解读[J].当代世界与社会主义(6):132-136.

AGRAWAL A,2003. Sustainable governance of common-pool resources: context, methods, and politics[J]. Annual review of anthropology (32): 243-262.

BOULDING K,1981. Ecodevelopment: economics, ecology, and development: an alternative to growth imperative models [J]. Journal of economic literature,78(3):1076-1077.

BOUMANS R, ROMAN J, ALTMAN I, et al.,2015. The Multiscale Integrated Model of Ecosystem Services (MIMES): simulating the interactions of coupled human and natural systems[J]. Ecosystem Services, 12: 30-41.

CHOUMERT J, MOTEL P C, DAKPO H K, 2013. Is the Environmental Kuznets Curve for deforestation a threatened theory? A meta-analysis of the literature[J].Ecological economics, 90:19-28.

COSTANZA R,2008. Ecosystem services: multiple classification systems are needed[J].Biological conservation,141(2):350-352.

COSTANZA R, D'ARGE R, GROOT R D,et al.,1997.The value of the world's ecosystem services and natural capital [J]. Nature, 387:256-260.

CROPPER M, GRIFFITHS C,1994. The interaction of population growth and environmental quality[J]. American economic review,84(2):250-254.

CULAS R J, 2007. Deforestation and the environmental Kuznets Curve: an institutional perspective[J]. Ecological economics,61(2):429-437.

FILATOVA T, POLHILL J G, EWIJK S V, 2016. Regime shifts in coupled socio-environmental systems: review of modeling challenges and approaches[J].Environmental modeling & software,75:333-347.

FRANKLIN J F, FORMAN R T T, 1987. Creating landscape patterns by forest cutting: ecological consequences and principles[J].Landscape ecology, 1(1):5-18.

GARDNER T A,FERREIRA J,BARLOW J,et al.,2013.A social and economical assessment of tropical land uses at multiple scales: the Sustainable Amazon Network[J]. Philosophical transactions of the royal society B-biological sciences,368(1619):368-372.

GOLUB A, HERTEL T, LEE H L, et al.,2009. The opportunity cost of land use and the global potential for greenhouse gas mitigation in agriculture and forestry[J]. Resource and energy economics, 31(4): 299-319.

HARDIN G, 1968.The tragedy of the commons[J].Science (162): 1243-1248.

KOLINJIVADI V, CHARRÉ S, ADAMOWSKI J, et al., 2019. Economic experiments for collective action in the Kyrgyz Republic: lessons for payments for ecosystem services[J]. Ecological economics,156: 489-498.

KOLINJIVADI V, CHARRÉ S, ADAMOWSKI J, et al., 2016.Economic experiments for collective action in the Kyrgyz Republic:lessons for payments for ecosystem services[J]. Ecological economics,6(29):1-10.

LANTZ V, 2002. Is there an environmental Kuznets Curve for clearcutting in Canadian forests[J]. Journal of forest economics, 8(3):199-212.

LEWIN A Y, VOLBERDA H W, 1999. Prolegomena on coevolution: a framework for research on strategy and new organizational forms[J].Organization Science,10(5):519-534.

LIU J G, DIETZ T,CARPENTER S R,et al.,2007. Complexity of coupled human and natural systems[J].Science, 317(5844):1513-1516.

MCGINNIS M D,OSTROM E, 2014. Social-ecological system framework: initial changes and continuing challenges[J].Ecology and society,19(2): 30.

NASSL M, LÖFFLER J, 2015. Ecosystem services in coupled social-ecological systems: closing the cycle of service provision and societal feedback[J]. Ambio, 44(8):737-749.

NORGAARD R B, 2008. Herman Daly Edward Elgar ecological economics and sustainable development: selected essays of Herman Daly [J]. Ecological economics, 67(3):514-515.

OLSON M, 1971. The logic of collective action[M]. Boston: Harvard University Press:360-363.

OSTROM E, 2009. A general framework for analyzing sustainability of social-ecological systems[J]. Science, 325(24): 419-422.

OSTROM E, COX M, 2010. Moving beyond panaceas: a multi-tiered diagnostic approach for social-ecological analysis[J]. Environmental conservation, 37: 451-463.

PANAYOTOU T, 1993. Empirical tests and policy analysis of environmental degradation at different stages of economic development[J]. ILO Working Papers.

RICHARDS K R, STOKES C, 2004. A review of forest carbon sequestration cost studies: a dozen years of research[J]. Climatic change, 63(1-2): 1-48.

SINGH M P, BHOJVAID P P, JONG W D, et al., 2015. Forest transition and socio-economic development in India and their implications for forest transition theory [J]. Forest policy & economics, 76: 65-71.

STENECK R S, LELAND A, MCNAUGHT D C, et al., 2013. Ecosystem flips, locks, and feedbacks: the lasting effects of fisheries on Maine's kelp forest ecosystem[J]. Bulletin of marine science, 89 (1): 31-55.

VEBLEN T, 1898. Why is economics not an evolutionary science? [J]. The Quarterly Journal of Economics, 12(4):373-397.

WILSON J A, ACHESON J M, JOHNSON T R, 2013. The cost of useful knowledge and collective action in three fisheries[J]. Ecological economics, 96: 165-172.

ZHAO J Z, 2010. Ecological and environmental science and technology in China: a roadmap to 2050[J]. Beijing: Science Press.

附　录

附录 A　森林生态-经济系统协同发展的调查问卷（村级）

问卷编号：_____

_____县_____乡/镇_____村

受访者姓名：_____,联系电话：_____,调查日期：_____

尊敬的女士/先生:您好!

首先衷心感谢您的支持和配合! 您的真实回答对课题组的研究至关重要。问卷结果仅用于科研,您的个人信息将被严格保密。

（说明:没有标明时间都是2019年度。）

一、受访人员和村庄基本情况

1.您的年龄_____周岁,您的受教育程度为_____（A.小学及以下　B.初中　C.中专或高中　D.大专或本科及以上）

2.本村的总户数_____户,总人口数_____人,外出人口数_____人。

本村的村集体收入_____万元,其中林业收入_____万元。

本村耕地面积_____亩,林地面积_____亩（其中,生态公益林面积_____亩,商品林面积_____亩);林地流转(包括流入或流出)面积_____亩,森林覆盖率_____%。

二、村庄森林资源的情况

1.本村森林资源以哪些类型为主?

A.天然林　　　　B.人工林

2.本村拥有林地的农户都持有林权证吗?

A.全部都有　　B.多数有　　　C.少数有　　　D.都没有

3.本村的林地类型主要有哪些?(多选题)

A.乔木林地　　B.疏林地　　　C.灌木林地　　D.林中空地

E.采伐迹地　　F.火烧迹地　　G.苗圃地　　　H.国家规划宜林地

4.总的来说,现在本村林地破碎化程度如何?

A.非常严重　　B.比较严重　　C.一般　　　　D.比较集中

E.非常集中

5.您对本村林区基础设施建设(通水、通电和通路)的满意情况如何?

A.非常不满意　B.比较不满意　C.一般　　　　D.比较满意

E.非常满意

6.本村森林资源的林分结构主要有哪些?(多选题)

A.针叶阔叶混交 B.针叶林　　　C.常绿阔叶林　D.次生阔叶林

E.其他:_____

7.本村火烧迹地、疏林地等地造林树种主要由哪些组成?(多选题)

A.桉树、杉木等速生短代期树种　　B.楠木、香樟等国家保护树种

C.茶叶和果树林　　　　　　　　　D.竹林

E.其他:_____

三、村庄森林资源治理情况

1.本村"一事一议"制度落实情况如何?

A.非常不好　　B.比较不好　　C.一般　　　　D.比较好

E.非常好

2.本村林业大户____个;家庭林场____个,农民林业专业合作社_____林业企业_____个。

3.本村森林人家的授牌点_____户,收入达到_____万元,解决当地就业人数_____人,年接待游客达_____万人次。

4.本村林权证的经营期限_____年。(请选择35、50或70填写)

5.本村平均每年参与林业相关培训的_____人次。

6.对本村的林木采伐管理政策有何评价?

A.非常不满意　　B.比较不满意　　C.一般　　　D.比较满意

E.非常满意

7.村民能够自觉遵守林业法律法规(如森林法、野生动物保护法)。

A.非常不同意　　B.比较不同意　　C.一般　　　D.比较同意

E.非常同意

8.本村存在重执法轻监督的现象。

A.非常不同意　　B.比较不同意　　C.一般　　　D.比较同意

E.非常同意

9.本村林权抵押贷款难易程度。

A.非常麻烦　　　B.比较麻烦　　　C.一般　　　D.容易

E.非常容易

四、森林资源单位(RU)

1.本村生物多样性(森林中的树种和动物种类)情况如何?

A.非常丰富　　　B.比较丰富　　　C.一般　　　D.比较少

E.非常少

2.本村林地流转(转入/转出)总体情况如何?

A.非常频繁　　　B.有点频繁　　　C.一般　　　D.比较不频繁

E.非常不频繁

3.2019年,本村人工造林面积_____亩,其中,新造混交林面积_____亩,新造灌木林面积_____亩,新造竹林面积_____亩。

4.本村商品林主要以哪些为主?

A.生产木材　　B.果品　　　　C.油料　　　　D.中药材

E.竹林　　　　F.茶叶　　　　G.种苗花卉　　H.其他:_____

5.本村投资林业合作方式主要有哪些?

A.租赁林地　　B.木材采伐　　C.林业深加工　D.涉林运输销售等

E.发展林下经济　　　　　　　F.其他:_____

6.本村林业经营范围:_____。(可多选)

A.造林营林　　B.特色林果　　C.种苗花卉　　D.林下种植

E.林下养殖　　　　　　　　　F.森林旅游或康养

G.涉林运输销售等　　　　　　H.其他:_____

五、森林经营主体的状况

1.本村2019年的植树活动有_____场,有_____人参加。本村树种存在病虫害___是/否___,若是,大面积树木死亡,如何整治这片山?_____。

2.本村2019年种植经济林或速生丰产林共_____亩。

3.本村追求林业持续和稳定经济收入来源,而不是追求短期的经济收入。

A.非常不同意　B.比较不同意　C.一般　　　　D.比较同意

F.非常同意

4.本村带动林业发展的牵头人的身份是以下哪类?

A.普通村民　　B.村干部　　　C.公司企业　　D.基层服务组织

F.其他:_____　　　　　　　G.没有

5.总体而言,本村从事林业人员是否遵守林业管理规定?

A.遵守　　　　B.不遵守,主要是哪类人群:_____

6.本村接受过哪些类型林业科技服务？

A.良种选育　　　B.森林抚育　　　C.栽培技术　　　D.抗病虫害

E.林产品储运　　F.低产林改造　　G.林产品加工

H.其他：_____　　　　　　　I.没有接受过

7.本村具体需要哪些方面的林业科技服务？

A.良种选育　　　B.森林抚育　　　C.栽培技术　　　D.抗病虫害

E.林产品储运　　F.低产林改造　　G.林产品加工　　H.其他：_____

8.本村接受过的林业培训共_____期次，林农共_____人次参与。

9.本村是否有林业企业与科研院所、高等院校对接，强化技术指导？

A.若有，有_____家　　　　　B.没有

六、森林经营主体之间的互动情况

1.本村最常出现的林权纠纷主要属于以下哪一类？

A.林木林地权属边界纠纷　　　B.林地承包合同纠纷

C.林权流转合同纠纷　　　　　D.其他：_____

2.本村在经营林业中是否存在冲突？（若是，请跳转下一题）

A.是，平均每年有_____起　　　B.否

3.若存在冲突，本村如何解决冲突？

A.村干部协调解决　　　　　　　　B.乡镇林业部门协调解决

C.县级及以上林业部门协调解决　　D.自己协商解决

E.诉讼解决　　　　　　　　　　　F.其他：_____

4.本村2019年累计发放林业发展贷款_____万元。

七、森林生态系统的生态、经济、社会和治理绩效情况

1.村民与村集体的林业补贴分配是否公平？

A.非常不公平　　B.比较不公平　　C.一般　　　　D.比较公平

E.非常公平

2.村民间的林业补贴分配是否公平?

A.非常不公平　　B.比较不公平　　C.一般　　　　D.比较公平

E.非常公平

3.本村村民的环保意识越来越强。

A.非常不同意　　B.比较不同意　　C.一般　　　　D.比较同意

E.非常同意

4.森林生态经济可持续发展的重要性如何?

A.非常不重要　　B.比较不重要　　C.一般　　　　D.比较重要

E.非常重要

5.本村发展林业过程中生态效益和经济效益的平衡情况如何?

A.严重失衡　　　B.有点失衡　　　C.较好平衡　　D.很好平衡

6.本村林业内部和外部制约监督制度是否健全?

A.没有制度　　　　　　　　　　B.有一些制度

C.有较完善制度　　　　　　　　D.有健全制度

八、本村林业发展的困难和经验

1.本村发展林业面临的最大困难是(　　　)。(可多选)

A.资金不足　　　　　　　　　　B.林产品价格不稳定

C.林产品销售困难　　　　　　　D.信息获取渠道有限

E.生产经营基础设施不完备　　　F.其他:_____

2.本村发展林业的先进做法和成功经验有哪些?

附录B　森林生态-经济系统协同发展的调查问卷
（新型林业经营主体）

问卷编号：_____

_____县_____乡/镇_____村

受访者姓名：_____，联系电话：_____，调查日期：_____

尊敬的女士/先生:您好！

感谢您的支持！问卷结果仅用于科研,您的个人信息将被严格保密。

一、受访人员和本新型林业经营主体状况

1.您的年龄_____周岁,您的受教育程度为_____（A.小学及以下　B.初中　C.中专或高中　D.大专或本科及以上）,您在本新型林业经营主体中的身份是_____（A.主要负责人　B.管理干部　C.成员）。

2.本新型林业经营主体的名称是_____,成立时间为_____。2019年,本新型林业经营主体总人数为_____人,其中林农_____人,年总收入_____万元,林地总面积_____亩。

二、本新型林业经营主体治理系统的情况(负责人问卷)

1.本新型林业经营主体是否针对林业管理过程中发现的问题或管理经验,自行制定森林经营方案或森林经营管理规章制度？

(若有,请回答第2题和第3题,否则跳过)

A.有　　　　B.没有

2.若有管理规章制度或方案,主要包括哪些方面？（多选题）

A.工作分工机制　　　　　　B.财务管理机制

C.边界清晰规则　　　　　　D.奖惩机制

E.监督机制　　　　　　　　F.其他_____

3.本新型林业经营主体的制度落实情况如何?

A.没有按制度执行　　　　B.部分执行　　C.严格执行

4.林地流转面积占本新型林业经营主体所占有的林地总面积的比例_____。

三、本新型林业经营主体的森林资源系统情况(负责人问卷)

1.本新型林业经营主体主要的森林资源类型有哪些?

A.天然林　　　B.人工林

2.本新型林业经营主体森林资源中所包括的树种主要有哪些?（多选题）

A.杉木　　　B.马尾松　　　C.台湾相思　　　D.福建柏

E.香樟　　　F.其他_____

3.若有人偷伐树木或猎杀野生动物,您会主动举报吗?

A.会　　　　B.不会

4.您对本新型林业经营主体、林农之间相互监督的效果的满意度如何?

A.非常不满意　B.比较不满意　　C.一般　　　D.比较满意

E.非常满意

5.本新型林业经营主体的林地离您的村庄中心大概_____公里。

6.本新型林业经营主体有采伐迹地总共_____亩。迹地的类型为_____（A.火烧迹地　　B.采伐迹地　　C.其他_____）

7.本新型林业经营主体要求加入的社员具备什么条件?（访谈）

四、本新型林业经营主体的森林资源单位(负责人问卷)

1.本新型林业经营主体投资林业的方式主要有哪些?

A.租赁林地　　B.木材采伐　　C.林业深加工　　D.涉林运输

E.林下经济　　F.其他_____

2.本新型林业经营主体经营范围包括_____。(多选题)

A.造林营林　　B.特色林果　　C.种苗花卉　　D.林下种植

E.林下养殖　　　　　　　　　F.森林旅游或康养

G.涉林运输销售　　　　　　　H.其他_____

3.本新型林业经营主体所涉及林业的产权是多少年?_____年。

4.本新型林业经营主体对林业产权经营年限的看法?

A.期限太短　　B.期限比较短　　C.一般　　　D.期限较长

E.期限非常长

5.本新型林业经营主体会因为林业产权经营年限太短而选择种植速生丰产林。

A.非常不同意　　B.比较不同意　　C.一般　　　D.比较同意

E.非常同意

6.本新型林业经营主体的林地流转(转入/转出)情况如何?

A.非常频繁　　B.比较频繁　　C.一般　　　D.比较不频繁

E.非常不频繁

7.本新型林业经营主体有定期开展造林活动吗?

A.有　　　　　B.没有

五、本新型林业经营主体的行动者情况(成员问卷)

1.本新型林业经营主体追求林业持续稳定经济收入,而不是追求短期经济收入。

A.非常不同意　　B.比较不同意　　C.一般　　　D.比较同意

E.非常同意

2.本新型林业经营主体接受过哪些类型的林业科技服务?(多选题)

A.良种选育　　B.森林抚育　　C.栽培技术　　D.抗病虫害

E.林产品储运　　F.低产林改造　　G.林产品加工　　H.其他_____

I.没有接受过

3.本新型林业经营主体是否与科研院所、高等院校合作,强化林业技术指导?

　　A.若有,有_____家　　　　　B.没有

4.本新型林业经营主体负责人具备哪些能力或素质?(多选题)

　　A.融资能力　　　　　　　　　B.森林经营与管理能力

　　C.林业经营资源丰富　　　　　D.一定的资产基础

　　E.很强的领导力　　　　　　　F.较高的威望和较强的影响力

　　G.其他_____

5.您加入本新型林业经营主体主要考虑的因素的重要性排序(最重要的因素排在最前面)。_____

　　A.负责人的领导力或企业家精神　B.森林资源规模大

　　C.森林资源所在地的气候、地形条件好　D.森林资源前景市场具有可预测性

　　E.有较高的经济收益　　　　　F.注重保护生态环境

6.您认为新型林业经营主体建立健全规章制度的重要性如何?

　　A.非常不重要　B.比较不重要　C.一般　　　D.比较重要

　　E.非常重要

7.您是以什么方式加入该新型林业经营主体?

　　A.拥有林地经营承包权　　　　B.获得林木所有权

六、本新型林业经营主体内部成员之间的互动情况

1.本新型林业经营主体内最常出现的问题主要有哪些?(多选题)

　　A.内部分工不合理　　　　　　B.成员工作积极性不高

　　C.利润分成不公平　　　　　　D.收益太低

　　E.其他_____

2.若存在问题,本新型林业经营主体如何解决冲突?

　　A.按照合同协商解决　　　　　B.诉讼解决

　　C.村干部协调解决　　　　　　D.自行协商解决

E.其他_____

3.本新型林业经营主体内部成员之间的相互信任情况如何?

A.非常不信任　　B.比较不信任　　C.一般　　　　D.比较信任

E.非常信任

七、本新型林业经营主体的生态、经济、社会和治理绩效情况(因变量)

1.本新型林业经营主体的利润分配是否公平?

A.非常不公平　　B.比较不公平　　C.一般　　　　D.比较公平

E.非常公平

2.本新型林业经营主体所在区域的生态环境状况。

A.非常不好　　　B.比较不好　　　C.一般　　　　D.比较好

E.非常好

3.本新型林业经营主体发展林业时是否能够平衡生态效益和经济效益?

A.严重失衡　　　B.有点失衡　　　C.较好平衡　　D.很好平衡

4.本新型林业经营主体内部和外部制约监督制度是否健全?

A.没有制度　　　　　　　　　　B.有一些制度

C.有较完善的制度　　　　　　　D.有健全的制度

5.本新型林业经营主体是否有组织义务的植树造林活动?

A.是　　　　　　B.否

6.本新型林业经营主体的成员对全面停止天然林商业性采伐的政策是否了解?

A.非常不了解　　B.比较不了解　　C.一般　　　　D.比较了解

E.非常了解

后　记

　　本书是在我博士论文的基础上撰写而成的，在此，想对一些对我有过莫大帮助的人道一声感谢。

　　非常感谢福建农林大学杨建州教授。在科研上，一方面，杨老师注重培养我严谨治学的态度、精益求精的科学精神和国际学术视野，不断激发我的科研兴趣与创新活力；另一方面，杨老师时常分享相关研究领域的最新成果，帮助我更全面地掌握我所专注的研究领域的最新动态。在思想上，杨老师引导我正确认识世界和中国发展大势，正确认识时代的责任和历史的使命，加强政治理论学习，从而提高思想政治站位，更好地服务于社会。杨老师既是我的学业导师，也是我的人生导师，在此谨向杨老师致以最诚挚的谢意和崇高的敬意。

　　感谢福建农林大学经济管理学院的戴永务、宁满秀、林伟明、郑义等老师，北京林业大学谢屹教授和南京林业大学刘璨教授，以及福建省林业厅李人一博士对本书的指导和帮助；感谢福建农林大学林学院吴鹏飞老师、公共管理学院施生旭老师和黄森慰老师对本书问卷设计提供的指导和帮助。感谢建瓯市林业局陈国兴工程师、武夷山市林业局连培华工程师、三明市常口村村民委员会主任张林顺、龙岩市武平县捷文村村干部等为本书相关调研的开展所提供的支持和帮助；感谢福建农林大学林学院侯晓龙老师对本书中关于龙岩市水土流失治理调研的开展所提供的支持和帮助。感谢徐端阳、张贝贝、谢仁山、郑姗姗、陈钦萍、陈毅、阮弘毅、上官瀚宇、章语焉等师弟师妹们，与你们一起学习和研讨，共同营造良好的学术氛围，让我的科研水平不断提升。

  感谢我的家人无条件的爱与支持。感谢我伟大又勤劳的母亲，她放弃自己的事业，全力以赴地给予我支持与帮助。感谢我的两个可爱孩子的陪伴，每当看到他们甜甜的微笑，我都会拥有继续奋进的力量。以此书献给我深爱的孩子。

王光菊

2024 年 5 月